Contents 到朋友家吃飯！

飲食生活美學家徐銘志，以職人器皿、料理巧思，營造餐桌上的溫暖。攝影／ Hand in Hand 璞真奕睿影像

For A Better Life

到朋友家吃飯！

理想的家與飲食生活

在2006年紅極一時的日劇《熟男不結婚》裡，建築師桑野信介設計的房子，總是以廚房為主體，打破傳統廚房位在邊間的思維。如今，13年過去了，開放式空間、中島廚房不再遙不可及，但我們有把生活過得更好嗎？

2019年的今天，有更多的挑戰要面對：龐雜的工作量、滿天飛舞的購物資訊、打著米其林星星與餐盤的各式名店，不過，在家裡吃還是不同，也是一個家之所以為家的真諦（不只是睡覺的空間）。

放下手機、關掉IG、到朋友家吃飯！
共享一頓飯的時光，也趁機叩問，當代理想的飲食與生活。

企劃執行／馮忠恬　設計／黃祺芸

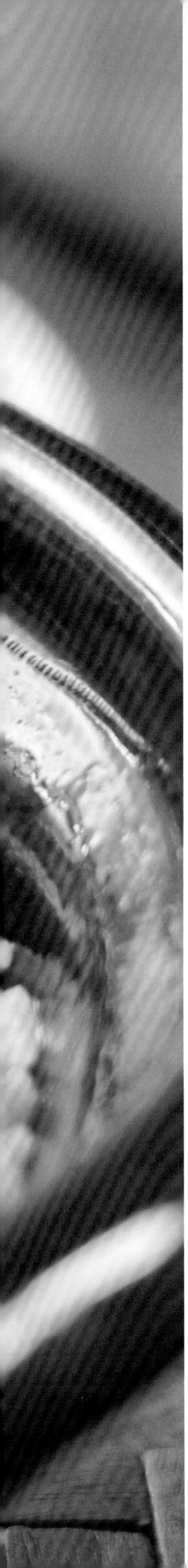

Liz家吃飯！

時常外食，偶爾吃吃家裡的，我會這樣做

文／馮忠恬 攝影／林志潭

今日菜單

很適合秋天的	讓烤箱幫忙的	補充蛋白質的	伊莉莎白辣醬	好好燉一鍋
土鍋栗子飯	**迷迭香烤蔬菜**	**煎豆腐**	**番茄小卷**	**豬肉味噌湯**

profile

Liz Kao 高琹雯

美食家的自學之路格主
Taster美食加創辦人

台大法律系、哈佛大學法學院碩士，原在律師事務所上班，從同事身上看到了20年後自己的模樣，決定冒險做點不一樣的事，2011年成立「美食家的自學之路」部落格，撰寫美食趨勢與相關報導，從而發現自己的專長與熱情，遂辭去法律工作，往美食家逐步邁進，一路見證台灣精緻餐飲產業fine dining的蓬勃發展，現為台灣fine dining的重要媒體人，著有《我的日式食物櫃》、《Liz關鍵詞：美食家的自學之路與口袋名單》。

美食家，你好！

可以到Liz家吃飯，是件夢寐以求的事，漂亮優雅細膩如她，會有個什麼樣的廚房呢？吃遍各大餐廳的她，在家料理又會有些什麼樣的堅持與講究？

Liz說，知道我們要來好緊張，看過無數頂尖大廚做菜，自己現在則是幾乎不在媒體前烹調，比起在家煮飯，她其實更常外食，人緣好的她，光一個中秋收到的禮盒就有近三十盒，更遑論平時各大小餐會，但每個週末，她都會盡量好好地「使用」廚房，和先生一塊用餐。

爲什麼說好好「使用」廚房呢？Liz的餐桌同時也是工作桌，平時不用餐時，她就在上頭寫作、思考，旁邊一整面書牆，放著飲食相關讀物，隨意翻開，發現她有畫線習慣，甚至好幾本珍愛的書籍還貼著滿滿的標籤。

成立部落格八年多，Liz透過實際的品嚐、閱讀、有系統的書寫，編織出她的飲食生活，美食家的自

學之路一點也不輕鬆，她用法律人的嚴謹、自律與好邏輯，累積聲量與影響力，婚後從老爸的廚房裡搬出，如今，有了完全屬於自己的廚房與工作空間。

要緊的從不是煮出什麼精雕細琢的菜色，而是堅持能從繁忙的工作裡抽身，好好做飯。

兩人小家庭，加上先生Tim喜歡亞洲口味，Liz家的餐桌與調料也多是亞洲風，平時工作忙碌，加上餐會常有山珍海味，在家就吃得簡單點，Liz誠實的說：「以前會夢想要有漂亮的廚房與鍋具，煮出什麼樣的厲害菜餚，後來比較認識自己，發現我做菜喜歡簡便一點。」

要節省時間風味卻不打折，好醬料便成必備，今年Liz復刻了曾於2013年和好朋友Soac（註1）一起研發的伊莉莎白辣醬，裡頭的榨菜、蝦米、白芝麻等讓風味突出，配方還特別添加了帝戎芥末醬，讓這款辣醬亦中亦西，即使和義大利麵拌炒也合拍。

誰說美食家的餐桌一定要有複雜大菜？身爲一位每週都有稿子要截，有社群要經營、臉書留言要回覆的新世代文字工作者，Liz有屬於自己的飲食樣貌。要緊的從來不是煮出什麼精雕細琢菜色，而是如何從繁雜的工作裡抽身，每週爲自己與先生做飯，偶爾朋友相伴，在頻繁的外食之餘，享受在家吃的親密時光。

註1：自由料理人，曾以TLC《雙廚出任務》拿下第50屆金鐘獎最佳綜合節目主持人，最新著作為《Soac的台灣菜：五十四道家庭料理》。

have a seat!

Liz 的餐桌

兩年半前結婚搬出家裡，有了自己的廚房，就像許多女孩會幻想著，理想的家該是什麼模樣？Liz打掉原本的三房兩廳格局，讓廚房連通客廳，並刻意選了張大桌，由於工作和飲食密切相關，吃飯的桌，同時也是工作的桌，生活的重心全在餐桌上。

陸續添購喜歡的餐具、鍋具，像一個自我建構的過程。雲井窯、日本職人餐盤，適合一個人工作時喝的茶具、備料的琺瑯盤甚至是家用廚餘機，逐步從老饕父親的廚房裡走出自我風格，Liz說：「我爸的廚房不只中島，木板掀開還有鐵板燒，家裡常有泡發的各種乾貨、金華火腿，甚至還有可以吊起整支雞的雞架子。」Liz的父親喜歡宴客也愛四處品嚐美食，從小的耳濡目染，讓她得以站在巨人的肩膀上往前。

而現在正是實現的時候，自己的廚房、自己的家，2018年7月成立的美食平台「Taster 美食加」，從個人部落格擴展到網路媒體，2019年也出版新書《Liz關鍵詞：美食家的自學之路與口袋名單》。

飲食之路越走越寬廣，但不管外面如何風光，回到家的她，仍是女兒與妻子。時常回娘家陪父親吃飯，每週都盡量抽出時間做飯，和先生一同用餐。

採訪的這天風和日麗，攝影師找了靠窗的角落，把菜擺上去，氣氛就對了，那是Liz家閒適的風與安靜的光，謝謝她願意打開門，讓我們透見鏡頭底下的她，不是很會寫評論的高琹雯，就像我們身邊一個很懂吃的朋友般。

土鍋栗子炊飯

材料

2杯米、1.2倍米的水量、半斤栗子、一點點的鰹魚醬油（充當高湯用）

作法

1. 米用清水洗淨後，浸泡約20分鐘到米粒變白，充分吸飽水分。
2. 栗子洗淨，備用。
3. 將吸飽水分的白米、水、鰹魚醬油與栗子一同放入土鍋（若無土鍋，用電鍋也可以）。
4. 將米煮熟再稍微鬆飯燜一下即可。

迷迭香烤蔬菜

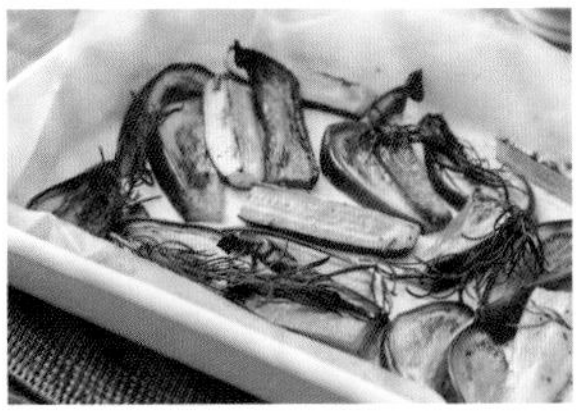

材料

喜歡的茄子、櫛瓜、甜椒等蔬菜、迷迭香、橄欖油、鹽巴、胡椒適量

作法

1. 材料洗淨，切成長條備用。
2. 蔬菜拌上橄欖油、鹽、胡椒，在烤盤上鋪烘焙紙，放上蔬菜與迷迭香，放入預熱好200度C的烤箱。
3. 烤10分鐘後檢查熟度、焦度，若上色不夠可以5分鐘為單位加長時間，烤至理想的顏色、邊緣微焦即完成。
4. 直接享用，或沾著伊莉莎白辣醬一起吃都很好。

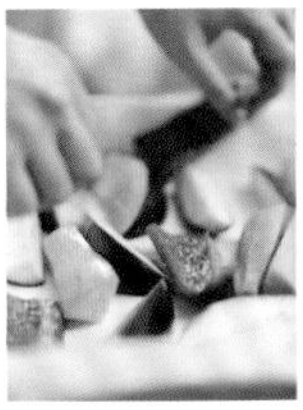

煎豆腐

材料

豆腐一塊、香菜、蔥適量、伊莉莎白辣醬適量

作法

1. 將豆腐切成適口大小。
2. 香菜、蔥洗淨後，香菜切碎、蔥切段備用。
3. 豆腐入油鍋煎到表面微焦，香菜、蔥段、伊莉莎白辣醬依照喜歡的比例調成醬料。
4. 把煎好的豆腐裝盤，點上調好的醬料。

伊莉莎白辣醬 番茄小卷

材料

冷凍熟小卷300g、番茄丁罐頭1罐、蒜頭2瓣、糖少許、伊莉莎白辣醬2大匙

作法

1. 先做伊莉莎白番茄醬：蒜頭切碎，以橄欖油爆香，倒入番茄丁罐頭，煮沸後加入糖與伊莉莎白辣醬調味。
2. 熟小卷解凍後直接入平底鍋煎，煎到表面微酥微焦。
3. 舀入煮好的伊莉莎白番茄辣醬進入平底鍋中，燴一下，讓小卷均勻裹上醬汁，收一下汁即完成。

豬肉味噌湯

材料

豬五花肉片80g、大馬鈴薯1顆（200g）、白蘿蔔5cm（150g）、紅蘿蔔1/2根（80g）、牛蒡1/3根（60g）、蒟蒻絲1/3袋（70g）、日式高湯包2袋、水1公升、信州味噌 3大匙

作法

1. 豬五花肉片切成3公分長，馬鈴薯切成5公分薄片，白蘿蔔、紅蘿蔔切成3至4公分薄片。
2. 牛蒡一邊水洗一邊用布擦去泥土，在身上垂直劃幾刀，然後像削鉛筆一樣切出細絲。
3. 預先把日式高湯包泡在水裡，做成高湯。
4. 在湯鍋裡加油，熱鍋後放入五花肉拌炒，再加入蔬菜，待材料裹上油後，再加蒟蒻絲。
5. 加入高湯，煮沸後溶入信州味噌，再煮10分鐘即完成。

nice things

SAUCE

Liz 喜歡的 調料與鍋

鹽麴

我的第一本書《我的日式食物櫃》裡就有介紹鹽麴，以前台灣還不流行時，都用日本的，現在台灣也越來越多自己做的，我特別喜歡拿鹽麴醃肉，肉會自然回甘。鹽麴是發酵物，有鹹味、回甘的甜、鮮味，我有時炒青菜也會加鹽麴。

胡麻醬

有時候想要比較濃厚系味道時我就會用胡麻醬，比如家裡做日式火鍋時拿來沾肉片，或是加在燙青菜上。比起炒青菜，我更常燙青菜，這些醬料全是讓青菜能有不同風味的祕密武器。

法式帝戎芥末醬

我常用芥末醬做沙拉醬，調一點橄欖油、醋、鹽巴、胡椒跟芥末醬就非常好吃，另外這款醬也很適合搭配肉排，是西式料理裡的基本款。

鰹魚醬油

鮮味來源，燉煮類的東西都可以加一點，可以取代高湯，我煮烏龍麵、白米飯時都會加一點。

民星魚露

我很喜歡魚露，覺得魚露的提鮮效果很好，而鮮味又是讓食物好吃的秘訣，不過有些人因為害怕魚腥味不喜歡魚露，這款台灣自己做的味道清爽柔和，鮮味好卻不會有太重的魚味，尤其跟番茄很搭，我之前煮番茄蛋花湯時加一點湯品馬上就提昇了一個檔次，我也會用它來調製涼拌醬汁，或加一點在燉物裡。

recommend

廚房小幫手

這款辣醬是和好朋友Soac共同的創作，從前兩人常窩在父親的廚房裡炒辣醬，把整個空間弄得辣辣香香的，後因工作繁忙，決定停產。2019年重新復刻，除了粉絲外，最開心的莫過於自己了，常態性販賣後，我便能時常用自己的辣醬做菜，尤其裡頭有榨菜、蝦米、蒜末、芝麻、帝戎芥末醬等材料，味覺層次豐富，不只拌麵，還可以添加在任何喜歡的台式、異國料理裡，從牛肉麵、奶油白菜、部隊鍋到味噌湯、比薩鹹派等，無一不百搭。

澳門恆友祕製咖哩

澳門很有名的伴手禮，味道又辣又濃厚，如果有吃過港式咖哩魚丸就會懂得這個濃郁感，我會用它來燴海鮮或做咖哩醬汁。

有機椰子調味醬

這罐是我在全植物餐廳Plants買的，材料上寫有機椰子花蜜跟椰子醋，但卻沒有椰子味，反而有點壽喜燒醬、巴薩米克醋的感覺，帶有甜甜的焦糖味、酸感與少量的鹹度，我常燙完青菜後就淋上它，就像我用日本的椪醋一樣。

nice things
—
KITCHENWARE

日常閱讀

《慢食：味覺藝術的巴黎筆記》

謝忠道老師的經典著作，對我剛開始寫部落格時啟發很大，它不是形容食物好不好吃或食材特性、烹調技法，而是講飲食背後的思考，裡頭對米其林、名廚的討論也影響我很多。

《法國美食末日危機》

分析法國美食如何從過去的榮光到兩千年開始受到西班牙廚藝的衝擊，也談米其林指南與法國名廚，對於剛成立部落格時的我，寫fine dining認識法國料理很有幫助。

《Foodie: Democracy and Distinction in the Gourmet Foodscape》
饕客：美食地景中的民主與區辨

一讀就覺得是在講我！foodie指的是非常愛吃的人，飲食是他的身分認同，以社會學探討這群人的行為。好的品味是雜食性的，但又符合正宗、異國等標準，是我常回頭翻閱的參考書。

《紅燜廚娘》

前面三本是論述時的參考用書，這本則是靈感之書。蔡珠兒老師的文筆非常好，文字讀來有韻律感，形容食物有想像力畫面感，我之前如果寫書卡住，就會翻翻裡頭的文章，常常靈感就出現了。

野田琺瑯

我的備料盤，偶爾也會拿來當烤盤，或吃火鍋時充當菜盤直接放食材，野田琺瑯實用又美觀，直接上桌也沒問題，一盤兩用，無論調理或做餐具都很好。

Toast/ Lotus 雙層玻璃蓋杯組

我本來就很喜歡玻璃製品，看到這個花紋，覺得它的設計很美，泡茶也很方便好用，適合一個人的時候，剛好一杯茶。

雲井窯土鍋

被好幾個朋友燒到，用過的都大推，搬進新家時，剛好看到Pekoe在限量，便買了生平第一支雲井窯。不過平常煮飯多還是用家裡的Balmuda蒸汽電鍋，雲井窯較常用來煮火鍋或燉煮類。

柳宗理片手鍋

這只柳宗理鍋喜歡廚房用品的人應該都很熟悉，單手鍋非常好拿，旁邊的弧形方便倒出食物，我常用它來煮一個人的麵或燙青菜，是日常裡使用率很高的一只鍋。

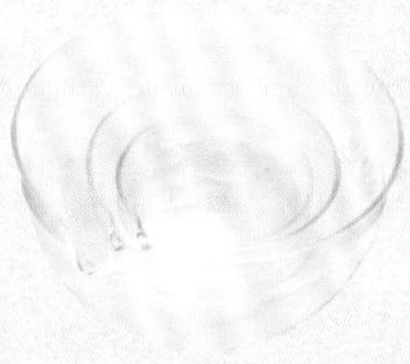

Hario 調理缽

原本是四個一組的調理缽，不小心摔壞一個，平常打蛋或調醬汁很常用。我喜歡做蛋捲，打完蛋汁後直接倒入鍋裡，收邊收得很好，而且是耐熱玻璃可以直接進微波爐，像我做蔥油，會把油倒在裡頭放入微波爐裡加熱，再倒到蔥上，非常方便。

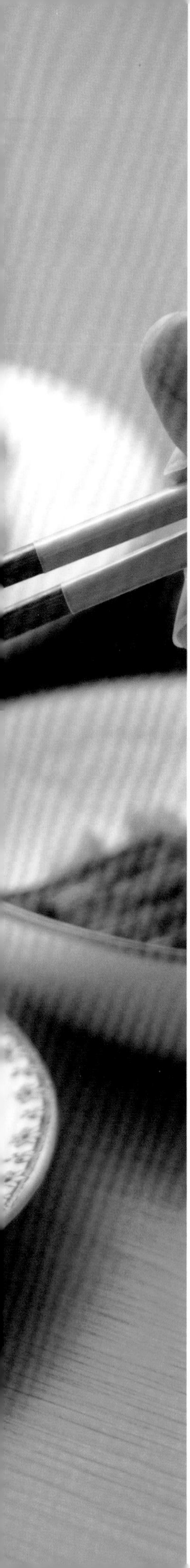

比才家吃飯！

做菜、開冰箱與上菜市場，是我的療癒儀式

文／馮忠恬　攝影／林志潭　採訪協力／Okapi閱讀生活誌

今日菜單

鮮美軟嫩的	讓人吮指的	喜歡蔬菜前三名	簡單好做的下酒菜	返璞歸真
破布子蒸魚	**北非香料烤雞翅**	**甘醋漬黃瓜**	**滷水花生豆乾**	**水煮花椰菜**

profile

比才

比家的日式餐桌
（西式的也有啦）粉專主理人

比家的日式餐桌主人，本業是出版社編輯，副業是業餘料理人。愛吃愛煮，愛看與食物有關的節目，愛蒐集古老食器餐具，熱愛研究食譜與飲食文化歷史書籍，旅行的目的是為了吃更多美好的食物，或與特別的食材相遇，2019年出版《家．酒場：67道下酒菜，在家舒服喝一杯（或很多杯）》，是編輯圈內數一數二的厲害料理人。

怎麼會這麼喜歡待在廚房呢？

在比才家，有個特別的位置，熟悉的朋友會坐在那兒，用剛剛好的距離，看她做菜。

想近距離聊天的人可以圍在中島，想放空休息又觀察全局的人可以或躺或坐在客廳的沙發上，看看這位愛做菜的女孩現在正進行到哪個步驟？短短10分鐘開了幾次的冰箱？

比才好愛待在廚房，廚房是她在家花最多時間的地方，也因爲怕熱，可以把客廳冷氣引進廚房便成爲必須，正是這樣短短的距離，讓家裡有個有趣的視角與聲線流動，她與另一半可以一人在客廳，一人在廚房，各自做著喜歡的事，又容易看到彼此，「如果他看到我又把廚房的哪裡給弄亂，就會走過來收拾。」比才笑著說。

相識11年，有著截然不同的個性（是啊，有哪兩個人的個性會一樣呢？）比才愛逛傳統市場，另一半喜歡超級市場的乾淨明亮、比才

每天都會喝一杯，另一半平常不喝酒，相較於他的潔癖標準，比才顯得隨性，但日子就在每日的磨合裡長出新的樣子，一人負責料理，另一人就好好清潔，另一半喜歡收納，久了比才也更會收納，從前做菜喜歡一道道準備，後來也在組織能力超好的另一半建議下，更有規劃與效率，現在的比才，若要宴客，會從一個禮拜前就開始規劃，哪一天肉要退冰？哪些蔬菜可以先醃製？不同菜色但可以一起備料的食材有哪些？不知不覺，她和另一半成了最好生活的伴，比才也在這十幾年間榮登朋友心中最想到她家吃飯的人。

幸運如我們，坐上了比家餐桌，當然，一定要來一杯。她說：「適量飲酒有益身心健康。」本職是出版社編輯的比才，用心維持一方淨土給喜歡的飲食生活，雖然部落格已累積不少粉絲，她仍不接業配或動過轉職、開私廚的念頭，比才開

玩笑地說：「我不想伺候任何人，來家裡吃飯的朋友一定都要說好吃、好棒～」她保有一份任性，那是爲自己、爲喜歡的朋友而煮，我看到她療癒身心，安穩生活的錨。

廚房裡的她就像隻慧黠的貓，帶著自己的個性，幽默風趣。看到已經很漂亮廚房，問她，還有什麼不滿足的嗎？她說：「我希望中島的檯面可以再大一點，放四張椅子，這樣朋友就可以來吃板前了。」

最引人慾望的，原來不是米其林餐廳或難訂私廚，而是一位會做菜朋友的家。

have a seat!

比才家的餐桌

廚藝的啓蒙是外婆與母親，但比才小聲的說：「我覺得我現在的手藝比起媽媽一點也不遜色。」小時候常跟在受傳統日式教育的外婆旁，她的飲食身世有條日本線，後來到了法國讀書，加入了西方的味覺經驗，更讓餐桌多元精采。

日式高湯是她的心頭好，尤其在工作繁忙時，她會調好一鍋高湯，放入溏心蛋、燙熟的小松菜、菠菜等，讓時間幫忙食材入味，一、兩天便成一道很好的下酒下飯菜。喜歡料理的人都有種特性，很懂彈性安排，有一小時就做一小時的菜，一整天就開展出一桌子的繁複。

廚房像玩具間、實驗場，比才三不五時會繞過去開冰箱，她說：「即使不做菜，看到冰箱裡的東西就會很開心。」爲了逛市場，她常週末比平日更早起床，日常裡做太多瑣事會阿雜，但卻可以處理料理上各種最細微小巧花時間的事……

人生可以找到一件眞心喜歡的事很幸福，只要打開冰箱，轉開瓦斯、預熱烤箱，人就暖了。

甘醋漬黃瓜

材料

黃瓜3根（切成0.5公分輪切）、大蒜1瓣、高粱醋2大匙、白砂糖2大匙、辣油1小匙、淡醬油1大匙、鹽適量

作法

1. 黃瓜切片，先以鹽殺青。
2. 大蒜拍開，加上黃瓜與所有調味料（高粱醋、白砂糖、辣油、淡醬油、鹽）一起拌勻，冷藏至少一小時入味即可。

point

調味沒有絕對，以上比例僅供建議，每個人都可以調出自己愛的口味。

水煮花椰菜

材料

花椰菜一朵、蔬菜油適量

作法

1. 花椰菜洗淨切好備用。
2. 熱一鍋熱水，放入花椰菜燙熟。
3. 起鍋後淋上蔬菜油（也可以灑上海鹽）即可。

point

由於橄欖油的氣味明顯，拌燙青菜時較不建議用橄欖油，而是以味道中性的蔬菜油為主，比較不干擾蔬菜原味。

滷水花生豆乾

材料

水煮花生200克、豆乾6片、大蒜2瓣、八角2粒、雞高湯（可蓋過所有材料的份量）、醬油4-5大匙、冰糖0.5大匙、辣椒1小截（可省略）、蔥花適量、辣油適量

作法

1. 豆乾快速汆燙。
2 在雞高湯中放入大蒜、豆乾、水煮花生後煮滾，轉小火再加入八角、辣椒、醬油及冰糖。
3. 以小火續滷20分鐘左右，或滷至豆乾入味。
4. 上桌前可灑一把蔥花、淋一點辣油。

破布子蒸魚

材料

鱈魚一片、料理米酒適量、破布子1匙、醬油適量、薑絲適量、鹽巴適量

作法

1. 鱈魚表面抹薄鹽，靜置20分鐘後，將表面的水分拍乾。
2. 在魚片上放入薑絲與破布子，加醬油、料理酒與少許沙拉油，放進電鍋中蒸半杯水或蒸至熟透即可。

北非香料烤雞翅

材料

雞翅4支、柑橘類果醬1大匙、北非香料適量、西班牙紅椒粉適量、鹽適量、黑胡椒適量、橄欖油適量

作法

1. 雞翅以所有調味料、香料按摩，並放入冰箱醃漬一整晚。
2. 送進200度烤箱烤20分鐘左右，將探針叉入沒有血水流出即可。

point

罐裝香料的口味很多樣，特別推薦北非風的綜合香料，是類似咖哩的味道，適合烤雞肉。

nice things

—

SAUCE & KITCHENWARE

比才喜歡的
調料與鍋

桃屋辣醬

這其實是日本的拌飯醬，香氣很好辣度卻不高，我會用它來拌麵、拌飯、沾餃子、水煮蛋，甚至滷味裡加一點，味道就整個提昇，很難想像廚房裡少了它的生活，每次買都以三罐為單位。

料理酒

我其實是用大罐平價的清酒來當料理酒，這支我最常用，在上引水產買的，兩公升就可以用很久。

金桃醬油

西螺柴燒日曝的手工醬油，有三月、五月、八月、臘月系列，月份越高風味越濃郁，全系列我都用過，無添加不死鹹且有自然的甘甜。三月味道清爽，我會拿來做涼拌菜或炒青菜時加一點，八月、臘月則用來燉肉，目前台北只有內湖的美福食集有賣。

明德辣豆瓣醬

煮川菜或中式燉肉時，加上一匙，這種發酵過的加工品很能為料理增添層次，我通常會買明德出產的手工系列，辣與不辣都會備著。

千鳥醋

來自京都的米醋，比起一般白醋，味道溫潤不死酸，有種婉約感，拿來做涼拌菜，比如糖醋漬，醃個黃瓜、筍子或拌麵都很好用。

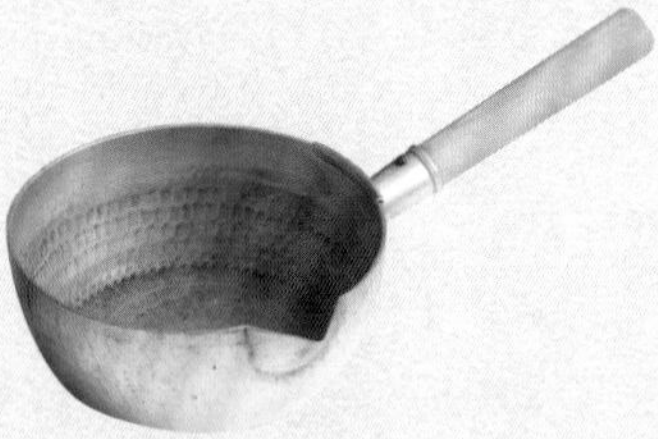

雪平鍋

日本人很愛的鍋型，大部分日料都可以完成，導熱性好，我常用它來煮日式高湯，15-20分鐘就ok。另外也很適合拿來煮少份量的日式燉物，這支是去錦市場裡的有次(編註：京都的傳統刀具名店)買的。

紅酒醋

要調味調得好兩樣東西得用得巧：鹽與醋。除了千鳥醋外，我也會備著西式的紅酒醋、白酒醋或巴薩米克醋，做西式燉菜或沙拉醬的時候很好用，比如西式濃湯裡淋上幾滴，吃不到酸味，但就把整個味道變明亮了。

recommend

冷凍牡蠣

比起肉類，海鮮食材如牡蠣、干貝、蝦子的退冰速度都很快，我的冷凍庫裡一定常備牡蠣與干貝，晚上突然想來點下酒菜，取出解凍五分鐘，簡單烤或煎一下就可上桌，馬上變身豪華家酒場。

nice things
—
BOOK

日常閱讀

《專門料理》

也是幾乎每期必買的日雜，主要讀者是廚師，雖然幾乎都是fine dining，但我會從中找食材的作法、搭配、擺盤上的新意，如果看到漂亮餐具，也會特別去搜尋工藝家是誰，是重要的養分來源。

《料理通信》

我最喜歡的飲食雜誌，我都直接跟紀伊國屋訂，這幾年來的每一期都有，它不只介紹餐廳還有食譜，主題都很有意思且介紹得很詳盡，我如果週末想不到要做什麼菜，或是開料理課時需要些想法時，我就會翻翻它，是我重要的靈感來源。

《內田悟的蔬菜教室》

我很推內田老師的這本書，所有步驟、挑選都寫的很細緻。春夏一本，秋冬一本，一網打盡所有蔬菜。

《Taste & Technique: Recipes to Elevate Your Home Cooking》

這本書算是西式料理的集大成之作，書裡按照食材主題區分，比如肉類、家禽類、海鮮、蔬菜等等。作者是專業廚師，所以花了很多篇幅教讀者如何「在家中做出餐廳水準的餐點」，不論是技術面或食材的挑選，都有詳細的說明，每回要宴客前，若是要做西式的大菜，就會搬出這本書再複習一下。

閱讀比才的另一個切面？
Okapi閱讀生活誌

Bianco 家吃飯！

從食譜書的設計，發展屬於自己的創意菜

文／馮忠恬　攝影／王正毅　採訪協力／Okapi閱讀生活誌

今日菜單

學暴躁兔
但還是有變一下的
義式蛤蜊水煮魚

莊祖宜說
蝦頭很好用的
紹興煎蝦

跟阿基師學
但他每次煮都不同的
麻婆豆腐

一直幻想
肉可能掉出來的
苦瓜封湯

profile

Bianco Tsai

書籍設計師

原在出版社擔任設計，四年前開始自由接案，常做裝幀，偶爾畫畫。兩個孩子的母親、《未來兒童》動手玩藝術專欄作家，裝幀作品曾多次入圍並獲金蝶獎，是編輯群心中的夢幻書封設計師。

設計了很多料理書，但我對作菜其實……

一碰面，Bianco便問：「大家眞的都很會做菜嗎？」平時工作忙碌，幾乎不拖稿的她，每日設計工作完成，差不多正是孩子回家的時間，再等備料、烹調，全家人早就餓壞，她老實說：「我現在比較少煮飯，一、兩個禮拜一次，其他時間多外食。」

老大讀小學時，她曾有過連續幾個禮拜每日做飯的時光，有趣的是，全家除了她以外沒人對這事有印象，只有她還清楚記得，在廚房裡流下的汗水，Bianco說，比起料理，她更擅長設計，九年前買房子時，一定也有過要好好煮飯的夢，於是把家裡一片採光很好的窗留給廚房，結果發現，自己在設計上獲得的成就感遠大於料理，漸漸的，廚房也就越來越少使用。

不過，設計的輪最後還是把她導回廚房，原本多設計文學類書籍的她，2015年做了《裸食廚房》後開始接觸食譜案，Bianco很愛食譜圖文書裡所呈現的豐富版型、生活感內容以及引人食慾的漂亮照片，一邊排版設

計，一邊偷學作者料理技巧，看久了總會有想法，便進廚房嘗試，畢竟「再不會做菜的媽媽，也是要有幾道可以掛齒的料理啊～」Bianco眨眨眼睛，我們都笑了。

憑著一股媽媽該有的氣勢，Bianco做了一桌子菜，有模有樣，見我們吃得開心，鬆口氣說，「還好你們喜歡。」仔細想，一定是我們這些飲食雜誌或坊間食譜書太壓迫人，照片一個比一個厲害，但每個人的才氣都有份，有時只是不在料理這兒。

外食是Bianco的日常，找漂亮美味餐廳是她人生的樂趣，一、兩個禮拜進廚房做飯一次，接受先生女兒兒子的讚美，平時就在設計工作與照顧家人間游移，準時交出高質感的提案，便是她現在的完滿生活。

不過，不死心的她還是說：「我在想，等哪一天比較不忙的時候就可以來多多用廚房了。」食譜書的設計還在持續，她跟莊祖宜學蝦頭的用法（《簡單、豐盛、美好》）、看暴躁兔怎麼煮魚（《暴躁兔的療癒廚房》），或許設計也正是烹調練功的過程，就看孩子長大、自己不用忙於設計稿時，會走到哪裡。

recommend

蠟燭兩頭燒，時間很少時，一定要有的料理好幫手！

桃屋千切大蒜

被比才推薦的桃屋辣醬燒到，後來發現自己更喜歡桃屋蒜醬，簡單拌麵、拌青菜就很能提點美味。兒子喜歡的乾麵，便是由白醬油、蒜醬跟麻油調和後的豐富滋味，10分鐘就能上桌。

茅乃舍高湯包

以昆布、柴魚、小魚乾等天然食材製作再磨成極細粉的高湯包，免去熬煮高湯的時間（當然如果能自己熬就更棒了！）無論炒菜、煮飯、煮麵等需要高湯時都好用，有多種口味，還有火鍋湯底。

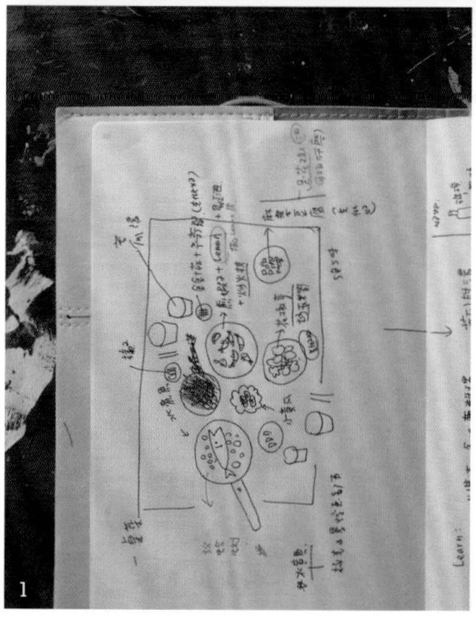

1

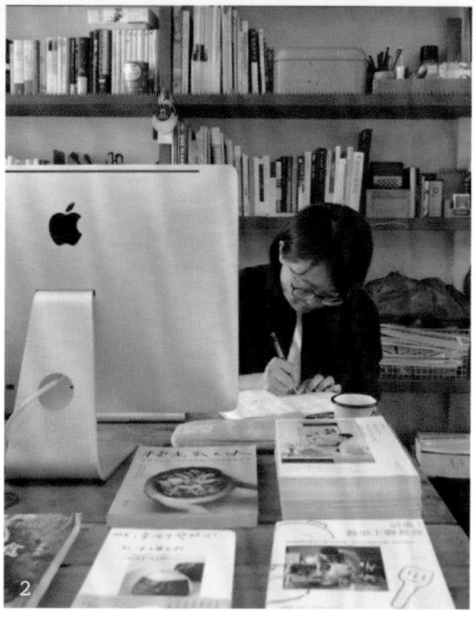

2

1. 沒有每日做菜的熟練感，Bianco使用她最擅長的插畫，把要做的事、該有的擺盤器皿都事先規劃好。
2. 設計過許多食譜，很容易把料理的標準提高，其實Bianco也是個會做菜的人。

have a seat!

Bianco家的餐桌

自己設計的飲食書，
同時也偷偷向他們學做菜

義式蛤蜊水煮魚

材料

白肉魚1條（約200克）、蛤蜊1包（事先吐沙）、洋蔥半顆、番茄1顆（大、小番茄都可，小番茄會稍甜）、酸豆2匙、橄欖4顆、大蒜3瓣、嫩薑1片、（除白肉魚、蛤蜊，以上都切小碎丁）、萊姆半顆、鹽巴、黑胡椒、香菜適量、白酒＋米酒250毫升（調出喜歡的味道）

作法

1. 魚洗淨、擦乾，可在魚身上劃刀，兩面抹鹽備用。
2. 把切小丁的材料放入鍋中炒香。
3. 將魚放入作法2（若魚身厚要記得翻面喔）。
4. 放入白酒、米酒，待其煮滾。
5. 煮滾後加入蛤蜊蓋上鍋蓋，待蛤蜊打開後，燜個1分鐘。
6. 擠一點萊姆汁、灑上黑胡椒、香菜即可上桌。

point 因買到較甜白酒，加上米酒調和，但米酒非必要。這道菜的汁液很好吃，我家小孩最喜歡用水煮魚和蛤蠣的汁來拌飯了。

紹興煎蝦

材料

大蒜3辦、薑2片。紹興酒50毫升

作法

1. 蔥綠、薑、蒜切碎，蔥白切小段，備用。
2. 白蝦洗淨、切頭、修鬍鬚和腳、切背剝腸泥。
3. 先將蝦頭下油鍋煎香，可以稍微按壓出汁液，增加香氣。
4. 聞到香味後，把蝦身放入，不急著翻面，煎得焦香些。
5. 兩面煎好，下蔥段、薑、大蒜快炒。
6. 淋上一圈紹興酒，燒一下酒氣，準備上桌囉。
7. 灑一點細蔥，讓顏色好看。

麻婆豆腐

材料

豆腐1盒、青花椒1小匙（用石缽磨成碎粒）、紅花椒1小匙（用石缽磨成碎粒）、香油少許、大蒜3瓣（切碎）、薑片2片（切碎）、絞肉1個拳頭大（主婦丈量法）、辣豆瓣醬1-2湯匙、白醬油少許、鮮辣椒、乾辣椒各1條、麻油少許、辣油少許、高湯150毫升

作法

1. 替豆腐暖身（見下面Box）。
2. 取平底鍋加麻油，爆香薑、大蒜，放入絞肉拌炒。（阿基師說若絞肉不好分開可再添點油。）
3. 放入暖好身的豆腐，倒入醬油、豆瓣醬、辣椒拌炒。
4. 倒入高湯（前一天泡好的茅乃舍＋昆布高湯），燒煮。
5. 燒滾了收汁，試味道，需要的話可再加鹽。
6. 上桌前，淋上煸好的花椒粒和花椒油即可。

tips!

關於豆腐的暖身，有話要說

先用一大鍋水，加入大把鹽巴，把豆腐切塊放入煮個十幾分鐘，待鹹味進入水分出來後，正式出場和豆瓣一起醬炒才不容易糊爛，如此便可煮出阿基師口中，又「澎」又「亮」的麻婆豆腐。

簡單煸花椒

熱鍋後添香油，把磨碎的青、紅花椒放入，煸出椒麻香氣後立刻關火。以最後淋上花椒油的方式避免花椒一起拌炒所產生的苦味。

進Okapi閱讀生活誌看更多
一直幻想肉可能掉出來的 苦瓜封湯

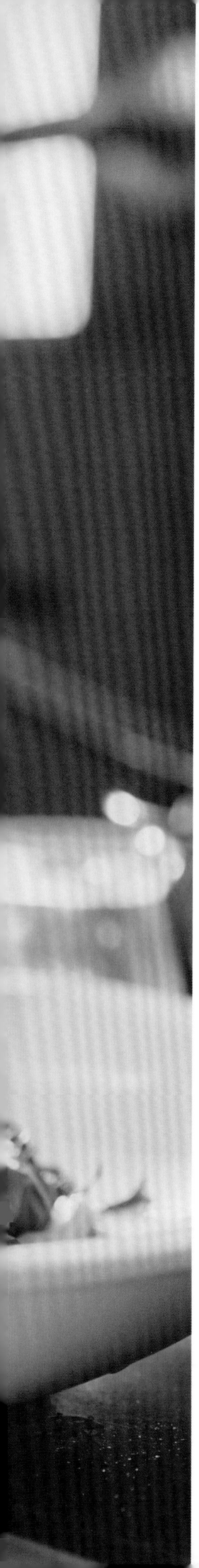

Tomo家吃飯！

完成一頓，給自己的米其林料理

文／馮忠恬 攝影／林志潭

今日菜單

燜煮一鍋精采的	Tomo流	向日本取經的	擁有多元風味的
雜炊	**牛肉燴麵**	**香魚煮物**	**燙青菜**

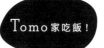

profile

林中智 Tomo Lin

名廚指定農夫、
元氣家農場創辦人

全台灣擁有最多米其林星星的人，祥雲龍吟（二星）、Longtail（一星）、Impromptu by Paul Lee（一星）背後重要的食材供應商，擁有各種獨特的蔬菜、食用花品種，總是走在市場之前，成為主廚創造風味的後盾。餐飲圈的人都知道，如果想找特殊食材，問林中智就對了。除了供應餐廳，微風超市也有上架。

農場辦公室，就是廚房與咖啡館

一年365天，日日手沖自烘曼特寧，問林中智：「每天都喝同一種味道不會煩膩嗎？」他說：「這麼好喝怎麼會膩呢？」每天凌晨4點起床，下田前的第一杯，中途休息時的第二杯，等到晚上員工離開後的第三杯，林中智會等到嘴裡的咖啡味淡去，才捨得吃晚餐。

這是他的每日生活，在歷經多年的風味搜尋後，找到最適合自己的這支豆子，烘焙、沖泡時需要多少的溫度？如何烘出喜歡的回甘、酸甜比，全都試出來了，無可取代。

林中智把這份對味道的專注，用在工作上，希望替每位主廚找到適合餐期的食材，他計劃性生產，設想出每樣食材的風味與區隔，「我的責任就是掌握好食材的味道，找到對應主廚料理的答案。」林中智認真地說。

不時到各大餐廳用餐，自己本身也是風味創造者，不禁令人好奇，平常在家都吃些什麼呢？

林中智常在新菜還未推出市場前，先行試做，以做為後續跟主廚

溝通的風味基礎，所有的實驗幾乎都在他的辦公室裡發生：兩只電鍋、一張從倒閉火鍋店搬來的四方形桌（中間有爐火），不到10坪的辦公空間，中午變身爲廚房，辦公桌的左邊是流理台區，洗碗切菜就在那兒，進門處那張常被充當一般桌子的底下藏著爐火，接待客人、辦公讀書、煮飯沖咖啡，全在這一方裡。

來過他辦公室幾次，第一次見他煮飯，清脆的切菜聲，那邊的爐火正燒著，剛剛拍碎的蒜頭趕緊小跑步拿過去，剛好是辦公室的斜對角，唰一聲，爆香的氣味溢出來。

從前念工業設計，進入農業後人生大轉彎，沒有樂天知命的傳統農夫形象，相反地，他每天動腦，想著可以再引進哪些精采品種？還有什麼新的蔬菜要試種？透過食材可以把餐飲的風味帶到哪裡？嚴肅且有個性的，慎選夥伴，因爲對他來說，一切不只是買賣關係，而是朋友間的結盟創作，主廚出技藝想法，他出食材與原生風味的理解，彼此激盪活躍，讓美好生成。

have a seat!

Tomo的餐桌

每次來林中智的田裡，都會看到許多新奇蔬菜，吃來無纖維，口感像蘆薈卻帶著自有鹹味的冰花、味道似Wasabi的芥末菜、紅色葉脈的芝麻葉、有牡蠣風味的琉璃苣……

因家人忙碌，國中開始煮飯餵飽自己，大學到日本讀書，去餐廳打工，回台灣後，經營過鐵板燒生意，身爲老闆，卻在主廚旁幫忙學習，憑藉著過往經歷與對味道組合的搭配天賦，開展出Tomo流味覺系譜，農夫的優勢便是從食材開始掌握，一盤綠色燙青菜，裡頭就有6種不同蔬菜，處理時，會把根莖與葉分開，依易熟程度分批下鍋；快炒時，男子味十足，不用鍋鏟筷子，直接甩鍋翻炒，怎麼爆香蒜頭呢？油鍋熱好後立刻關火，把切得很碎的蒜頭丟入，避免焦黑。

日出而作，他一腳踩在耕作的土地上，一腳踏在城市的各大餐廳裡，身爲農夫，穿著襯衫出現在城市的星級餐廳也不顯違和，總是直接把生產線上的第一手訊息跟主廚交流溝通，腦子裡充滿著各種食材用法的創意點子，聽他談菜，屢有風味驚喜，我們索性跟他到園子裡採菜，對於食材的用法觀點，讓簡單的菜色風味提昇，變得不一樣。

日式雜炊

材料

米1.5杯、舞菇1盒、綜合菇1盒、紅蘿蔔1根(配色用)、甜菜根1/2顆、培根3片、三層肉1包
蒜頭3-4顆、米酒2小匙、醬油2大匙

作法

1. 蒜頭切碎、所有蔬菜、菇類、培根、三層肉切成適口大小，米洗淨，備用。
2. 起油鍋爆香蒜頭，放入蔬菜與菇類，拌炒出香氣。
3. 續放肉類、白米拌炒，並加入醬油與米酒，炒到三層肉半熟。
4. 倒入可醃過材料的白開水，下一點鹽巴。
5. 放入電鍋，跳起後再續燜15-20分鐘，讓材料熟透。
6. 品嚐前稍微鬆飯一下即可享用。

牛肉燴麵

材料

牛腩肉1公斤、蔥6-7支、薑1小塊、蒜頭4-5顆、紅蘿蔔2條、牛番茄4顆、甜菜根1根、洋蔥3顆、番茄醬半罐

作法

1. 牛腩切丁，汆燙去血水後，炒至半熟。
2. 蔥切段，薑切末，蒜頭整顆拍碎，番茄、甜菜根、洋蔥、紅蘿蔔切丁，備用。
3. 起油鍋，爆香蔥薑蒜，放入番茄醬與少許開水後，加入作法1的牛腩拌炒。
4. 將作法3放入電鍋，加入番茄、甜菜根、洋蔥、紅蘿蔔一同燉煮約一小時。
5. 煮好喜歡的麵條，直接淋上完成的作法4即可。
6. 可當天享用，或冷卻後置入冰箱冷藏一天更入味。

香魚煮物

材料

小香魚10條、冰糖半碗、蔥3-4根、薑15公分2根、蒜頭4-5顆、醬油60毫升、柚子皮2-3片切絲

作法

1. 薑切片、蒜頭拍碎、香魚洗淨，備用。
2. 把冰糖放入醬油內攪拌融化，放入柚子皮、蔥、薑、蒜(若有喜歡的香料，如迷迭香、胡椒、柴魚等都可依喜好加入)。
3. 將作法2和香魚擺進電鍋，倒入可醃過魚的兩倍水量。
4. 煮到跳起後，再加一杯水續煮，煮到魚接近化骨即可。

point

香魚也可以換成虱目魚、豆仔魚等。

不平凡燙青菜

材料

芥末菜、蕾絲水菜、圓葉芝麻葉、火箭芝麻葉、紅脈芝麻葉、紫色蕾絲菜、蒜頭切碎適量、巴薩米克醋適量

作法

1. 上述青菜洗淨後切段(可替換成喜歡的蔬菜種類)。
2. 把青菜一起燙熟瀝乾，取出裝盤。
3. 起油鍋，油熱後關火，放入蒜頭爆香。
4. 將作法3淋上作法2。
5. 灑上一點鹽巴、淋上巴薩米克醋調味，攪拌均勻即可。

林中智的蔬菜種類多且少見，一盤燙青菜就藏有6種蔬菜，你認得幾種呢？

point

電鍋、可果美番茄醬、紅標米酒是料理上的好朋友，雖然也用極好的巴薩米克醋與番茄罐頭，但他說：台灣無添加的番茄醬也很好用喔。

到園子裡採菜

身為對味道有想法的專業農夫，
林中智對自己種植的蔬菜有獨特見解，
面對風味要有創意，才能在高端的餐飲市場裡保有競爭力。

紫色蘿蔔

我手上有七種顏色的蘿蔔：紫色肉紫色心、紫色肉黃色心、黃色、淡黃色、白色、紅色、橘色，每種風味不同，我會備好各種選擇，讓主廚依照風味與顏色選用。紫蘿蔔含豐富的水溶性花青素，是蘿蔔裡唯一不適合煮湯的（整鍋湯會一起變紫），可烤、可蒸、可切片做沙拉，打成泥則可做成醬料，顏色很美。

蕾絲水菜

跟芥末菜的用法差不多，同樣帶一點芥末味，但和芥末菜的葉型不同，在料理上呈現出來的樣貌、姿態與適口性都有差異，讓主廚們多一種選擇。

芥末菜

有芥末的味道，種子可做芥末醬，葉子可做沙拉，一盤沙拉只要放一點，味道就會很突出，每個廚師都有自己的運用，我喜歡弄成細絲，擺一點在肉類或魚類上，可以拉開菜色的風味，讓層次分明。

白色甜菜根

市場上少見，菊糖的一種，味道甜美，可以料理、燉湯、燒烤，也可以做成糖果與調味料。我喜歡烤過後切薄片，包在肉片裡，也可以生吃或做沙拉醬，我種的白色甜菜根沒有土味，甜度很好。

爲什麼需要不同品種的芝麻葉？

高端餐飲講究細節，每個主廚都需要獨一無二的食材，不同品種在視覺、香氣、風味、適口性上都有所差異，身為夥伴，要做他們最堅強的後盾（當然也要有足夠的敏銳度），不只芝麻葉，其他蔬菜亦然。

紅脈芝麻葉

紅脈的味道又更強烈了！葉脈是紅色的，可以呈現出不同的視覺，一放上去就知道是特別的品種，滿足想嘗鮮的人。

闊葉芝麻葉

相較於火箭芝麻葉，味道更強烈濃郁，用法差不多。其實我很喜歡用芝麻葉來做蛋包，獨特的香氣很討人喜歡。

火箭芝麻葉

一般常吃到的芝麻葉品種，不過市場上看到的多是水耕種植，滋味較淡，我是土耕栽培，風味濃郁，芝麻葉除了可以做生菜沙拉或放在比薩上生食，也可以在食物快烤熟前放上去稍微烤一下，香氣更濃郁。

Perspectiive

我的芝麻葉觀點—吃其味不見其型

把芝麻葉當香料用，比如跟橄欖油一起打成汁，淋在麵包、比薩、肉類或沙拉上；或燙青菜時，將芝麻葉切得很碎放入橄欖油裡一起淋在青菜上。當想提昇風味卻又不想太過直接，希望有點新意時，便可試試看。

陸莉莉家吃飯！

廚房是我的辦公室，自在很重要

文／馮忠恬　攝影／林志潭

今日菜單

客家傳統的 **鹽焗雞**

福氣飽滿的 **清蒸魚**

大火快炒 **油爆蝦**

把食材藏起來的 **菱角豬肚湯**

profile

Lily Lu 陸莉莉

烘焙達人、
30年專業家庭主婦

美食圈裡人稱烘焙教母，一路見證台灣烘焙產業從社區麵包店到世界冠軍的產生，不但是許多餐飲名店、冠軍麵包師背後的重要支持者，也是專業的家庭主婦，十多年來三代同堂，照顧一家人的胃。

60年代摩登老廚房，是先生與孩子的記憶之歌

「在一個家裡，男人有男人的地盤，女人有女人的，廚房就是我的地盤。」陸莉莉娓娓說著她的故事。

從小父親要她認眞讀書，婚前遠庖廚，婚後父親卻送給她一根桿麵棍，要她做包子、水餃給夫家吃。安徽爸爸客家媽媽的陸莉莉嫁到北投閩南醫生家庭，廚事完全不懂，從使用的語言到飲食的習慣，都和原生家庭截然不同，夫家開診所，全家人包括護士都會上3樓來吃飯，身爲媳婦的她，每天至少準備八人飯菜。

「我看現在年輕人做菜可以慢慢摸慢慢做，我那時候不行，煮完中餐還有晚餐，有時還要拜拜，談什麼收納？一切都要看得到隨手可得才行。」陸莉莉說起現實生活一點也不浪漫，她忙到沒時間談現在很流行的飲食美學、收納技巧，餵飽一家大小最重要，尤其，吃飯又是跟所有人相關的。

初期，在婆婆的廚房裡，這個不能摸，那個不能碰，隨著對家庭口味與烹調細節的熟稔，加上婆婆年事已高，陸莉莉才取得廚房主導權，但她卻沒有大刀闊斧的改變，而是把喜歡的品味、喜好、習慣，逐步融入老廚房裡。

「這個廚房從我孩子出生，就是這樣的地磚、不鏽鋼廚具與美耐皿隔板，爲什麼要改呢？」陸莉莉不解的說。民國四十九年落成，曾是整條北投街上第一個西式廚房，「家裡當時還有北投第一台美國電冰箱，是婆婆特地跑去天母跟老美買的，」她說廚房是婆婆的驕傲與先生、孩子的回憶，即使現在有些隔板已掉落買不到，朋友家人都建議她換廚具，她仍不爲所動，「比起漂亮整齊，我更在意好不好用，從前家裡所有成員都在這邊生活，她就像我的辦公室一樣，是我學習的地方，我用得很自在，不用擔心是不是不能大火快炒？怕不怕油煙？無論要準備幾個人的飯菜都很方便。」

在這個六〇年代摩登老廚房裡，能看到迷人的檜木窗、紅磚地板、當時最流行的不鏽鋼檯面與美耐皿收納空間，也能看到婆婆留下來的正新牌壽司米餐盤與陸莉莉後來採買的日本職人器皿，有傳統的彩色琺瑯鍋，也有當代的雲井窯土鍋……

日子像油畫，一層層慢慢疊上，便是她現在的生命厚度。

have a seat!

陸莉莉的餐桌

身爲資深的專業家庭主婦，一下子便煮出豐盛的一大桌，不過，自己愛吃的都不會在餐桌上。餐飲圈人口中的莉莉姐，總是會很貼心的想著今天用餐的人員組成，誰愛吃四季豆、哪個人外食比較少吃魚？天冷了是不是該上鍋湯？正好是菱角的季節呢！經歷過每天要照顧一大家人口的大家庭，現在孩子長大外出，婆婆也沒有住一起，平常食物的準備簡單多了，但不時有朋友來訪時，還是會把大圓餐桌擺得滿滿的。

漢光食譜、傅培梅食譜、味全食譜是六〇年代的經典，以前沒有網路、Youtube時，主婦們都靠婆婆媽媽彼此教學或食譜閱讀，週一到週五每天5分鐘的傅培梅時間是重要的養分，愛學習的陸莉莉，後來更直接去料理教室上課，買日本食譜回來練習。

大家都說，哪道菜不會去問莉莉姐就對了。安徽爸爸客家媽媽閩南婆婆，陸莉莉笑稱，她做的其實也是娘惹菜（編註：中國移民和馬來西亞原民通婚後交融出的混合菜），多年的主婦生涯，讓她理解每種菜色的基本風味邏輯，也經歷了廚事學習標的的轉換及餐桌上流行的更迭。

從文字食譜、電視、Youtube到IG，好的餐具品牌從德國製造、日本製造到現在的中國製造。陸莉莉指著正在爐火上燉湯的德國WMF不鏽鋼鍋具說：「這只是德國做的，我用了二十幾年還是很好用。」

世界的價值觀正在改變，消費主義盛行，讓人總是想追求更新更好的，但就像陸莉莉家裡那台已經用了三十年的洗碗機或六十年老廚房，即使她完全清楚現在世界的廚房美學趨勢已走到哪裡，也不被動搖。

流行會迴圈，但能眞正品味「好的本質」才是眞本事。

客家鹽焗雞

材料

土雞1隻(約3-4斤)、八角2公克、沙薑粉8公克、乾荷葉2張(中藥行可買到)、粗鹽3000公克、細鹽60公克、米酒100毫升

作法

1. 土雞以細鹽、米酒醃至入味。
2. 從雞肚塞入八角、沙薑粉後，先以荷葉包起，再用鋁箔紙整個包覆。
3. 丟入放滿粗鹽的鍋裡，以粗鹽蓋住整隻雞，開小火鹽焗1.5-2小時。
4. 熟透後打開鋁箔紙與荷葉，香氣四溢，不需刀切，此時雞肉已軟嫩用筷子夾取即可。

清蒸魚

材料

鮮魚1尾、鹽巴適量、白胡椒適量、醬油適量、魚露適量、薑絲少許、蔥絲少許

作法

1. 鮮魚清除內臟、魚鰓(大尾魚可背部劃刀較易蒸熟)。
2. 抹上鹽巴，淋上一點醬油、白胡椒、魚露。
3. 入蒸籠或電鍋蒸熟(時間依魚的大小調整)。
4. 熟後放上薑絲、蔥絲，把燒熱的油，淋在蔥薑絲上，即刻上桌享用。

油爆蝦

材料

鮮蝦數尾、蔥末少許、薑末少許、蒜末少許、辣椒末少許、白胡椒粉少許

作法

1. 鮮蝦剪掉足鬚。
2. 鍋中熱油，放入蝦爆炒至熟。
3. 蔥末、薑末、蒜末、辣椒末、白胡椒粉入鍋一起拌炒一下。
4. 裝盤享用。

菱角豬肚湯

材料

豬肚一只、黑棗1-2顆、菱角、紅棗依喜好口味取用、當歸1小片、干貝2粒、排骨少許、薑片少許、水1000-1200毫升

作法

1. 豬肚一只洗淨，以熱水汆燙後放涼備用。
2. 菱角、黑棗、紅棗、當歸、干貝放入豬肚裡，以牙籤封口。
3. 在鍋中擺入排骨、薑片及作法2豬肚。
4. 以小火燉煮2.5小時，食用前剪開豬肚，以鹽調味即可。

佛跳牆甕

過年一定要有的佛跳牆，除了傳統的樣式外，我先生也請日本雲井窯創作者中川一辺陶製作，去年過年，兩甕一起上桌，婆婆習慣的與自己喜歡的同時滿足。

關於廚具

婆婆的與自己的

我家的廚房濃縮了台灣近60年來的道具縮影，雖然現在已經沒有同住，但婆婆的老餐盤，仍安靜的擺在櫥櫃裡，有時會一同上桌，形成跨世代的美學風景。

餐盤

從前的廚房一定會有米商贈送的盤子或某某學校、銀行致贈的杯子等，我從來不覺得俗氣，反而開心可以保留不同時代的餐盤模樣。平常會買工藝師的作品，左邊這只是田鶴濱守人的創作，朋友經營的品牌1g patisserie studio不時會邀請日本創作者來展覽，這便是在展覽會場買的。

台灣廚房愛用鍋具的演進

對家庭主婦來說，爐火的大小控制和鍋具的特性密切相關，好的傳導、蓄熱、保水力，可以讓料理結果事半功倍。廚具的流行也有演進，從40多年前到現在，我家的好用鍋具。

康寧鍋

抗熱玻璃加上陶瓷鍋具，在那時是很特別的設計，可以從蓋子看到食物的狀態，還可以直接從冰箱取出就放到爐火上加熱，也可入烤箱與洗碗機，是那個年代的好用神器。

彩色琺瑯鍋

婆婆買的，用了快四十年，彩色琺瑯是那個時代的流行，就好像現在擁Le Creuset或Staub的感覺一樣，代表著生活品味與趨勢的接軌。

nice things

BOOK

陸莉莉
手邊的老食譜

廚房是我的辦公室，因工關係，從以前我就很愛看食譜（笑）。當代的食譜大家在書店或網路上就可以看到了，這裡特別介紹幾本我書櫃上珍藏著的好書。

《味全食譜中國餐點》

民國63年發行

翻閱書頁，開宗明義即寫道做中菜必備五味：鹽（或醬油）、味精、胡椒、麻油、糖，以及其他酒、醋、太白粉、炸油等。食譜從米點、湯點、飯、麵、粥、米粉到國外點心都有，且附上清楚的步驟圖，都快被我翻爛了，是以前煮中餐的重要用書。

《傅培梅食譜》

民國65年發行

傅培梅食譜幾乎都是中英對照，讓海外學子要找食材時方便不少，裡頭除了大江南北菜色外，還有介紹中餐的全套瓷器，從大圓盤到筷子，一共21樣，排版俐落簡潔，不時穿插作者在各地演講的照片。

《做西點最快樂》

民國89年發行

那時的台灣剛好流行西點，偶像劇裡的燒蘋果，還有大家常說的提拉米蘇，作者賴淑萍曾任西華飯店副主廚，後來又到日本帝國大飯店研習西點，特別寫了這本書，裡頭有慕斯、派皮、法式薄餅、巧克力的教學。

《愛上做麵包》

民國93年發行

跟作者德永久美子的緣份，從讀者到成為朋友。我自己是麵包愛好者，自己也常在家手做麵包，很欣賞她面對料理的態度，日常、溫暖，且又有自己的想法與個性，這本書集結了各季節作者準備跟你一起做的麵包食譜，不時穿插她的插畫與孩子一起跟著做的萌樣，雖然是十多年前的書，到現在都還是很有啟發。

土鍋

有愈來越多人開始使用土鍋，隨著飲食品味的精進，不再要求一鍋抵十鍋的多元功能，雲井窯這幾年被注意就是一個例子，他在日本被稱為煮飯神器，鍋型的用途單純，卻可以把一件事做得很好，也是我家先生很愛的鍋具品牌。

鑄鐵鍋

來到了近幾年很流行的鑄鐵鍋，鑄鐵鍋可分為有琺瑯跟無琺瑯兩種，上琺瑯的鑄鐵鍋不易生鏽好保養，顏色又漂亮，加上幾個品牌的行銷推廣，很快就在料理圈引起風潮。可蒸可煮可燉可煎可烤，導熱均勻且保溫好，就是重了些，我現在也比較少用了。

WMF與Fissler不鏽鋼鍋

對20多年前的主婦來說，能用德國不鏽鋼鍋是一件很潮的事，當時的德國製造等同於高品質，現在兩個品牌雖然都還在，但把很多的產品都移往中國或越南製造，要買到德國製的越來越不容易，這兩只我到現在都還很常用。

[redacted]

徐　**鑄鐵鍋、烤箱與備料用的不鏽鋼盒或琺瑯盆**

鑄鐵鍋可燉湯煮飯炒菜，功能很多，烤箱我做菜常用，備料盆就不用說了，一定要有。

[redacted]

徐　**好用、好看、可以陪伴我很久**

功能一定要好，當然我也在意漂不漂亮，但如果只有漂亮不好用也不行，而且不只好用，也要耐用，我都希望可以跟身邊的東西相處久一點。

[redacted]

徐　**跟他說拜拜**

因為空間都有限制，不要把自己逼太緊，要有留白，所以通常有的東西我就不會再買。世上沒有完美道具，就像沒有完美的人一樣，手上有的都是仔細想過才下手的，就好好地跟他們相處吧。

[redacted]

徐　**比起鍋具，我更愛買餐具**

常請朋友來家裡吃飯，我買餐具是從使用者的角度出發，希望讓用的朋友覺得開心有變化，不會買太雷同的，我尤其喜歡好用又漂亮的餐具，可以替生活加分，增加樂趣。

跟了徐銘志很久的無印土鍋。

鑄鐵鍋的多功能，讓廚房裡不能沒有它。

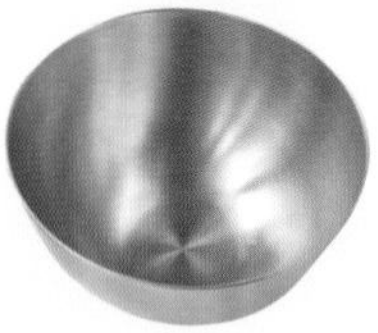

怎麼可以不備幾個好用的調理盆呢？柳宗理鋼盆或琺瑯盆都很好。

時常宴客的
飲食生活美學家

徐銘志 Eric Hsu

自由撰稿人。學的是廣告行銷，一直在媒體圈打滾，做過電視節目，也擔任過記者、製作人。曾任《商業周刊》alive副總監。作品散見於《GQ》、《端傳媒》、《經濟日報》、《小日子》、華航機上雜誌《Dynasty》等媒體。近十年聚焦於生活風格領域，覺得生命就該浪費在美好的事物上。著有《暖食餐桌，在我家》等書，2019年7月成立品牌Smile Eric，以獨特的眼光選品，為餐桌帶來不同的表情。

Part 2 Kitchenware Selection 精鍊廚房選品學

一家四口，日日煮食的
飲食教養作家

番紅花

台北人，育有兩個女兒，專業家庭主婦，日常專注於家庭料理研究，也是業餘的文學讀者。曾獲全國學生文學獎、時報文學獎。著有《教室外的視野》、《廚房小情歌》、《你可以跟孩子聊些什麼》等書，目前致力於推動中小學生「菜市場的文學課」。

Q1 覺得廚房裡最重要的三樣東西是什麼？

番　菜刀、砧板、高湯鍋

並不是所有刀子都是利的，刀利出的力氣就可以少一點。砧板跟高湯鍋也是我每天都會用到的，我幾乎每天煮高湯，高湯鍋根本不收，就一直放在爐台上。

Q2 選道具最在意的三件事？

番　重量、使用頻率、產地

如果一直在煮飯，就會非常在意重量，我常覺得怎麼這麼累，結果發現很多東西太重手腕受不了，所以會盡量挑輕一點的道具。使用頻率則關乎到我願意付多少錢，常用的可以貴一點，另外我還蠻在乎產地的，我希望是從比較進步的地區所生產出來的。

Q3 遇到已經有了，卻很喜歡的道具該怎麼辦？

番　我會想很久很久

我買東西很少一次就決定的，無論便宜或昂貴，不管多喜歡，我都還是會給自己一點思考的時間，尤其家裡廚房很小，我得想到如果買回來發現它不好用該怎麼處理？找到解決方法後，才會買下。

Q4 買烹飪道具跟買餐具的想法會不一樣嗎？

番　餐具夠用就好，鍋具我卻會一直想找更好的

我比較少買盤子，盤子的功能就是盛裝，不會影響到菜做出來的成效，鍋子卻會牽涉到溫度、時間與節能，節能也就是節省時間，這對家庭主婦來說很重要。

同樣是鑄鐵鍋，番紅花很在意重量，幾乎只用小尺寸。

很喜歡柳宗理片口鍋霧面的感覺。

加熱速度快，用小鐵鍋來料理便當。

理想的家，
道具該怎麼買才好？

對談！

一位是單身飲食美學家，一位是專業家庭主婦，
兩人所要滿足的對象與對家的想像都不同，到底該怎麼買呢？

會衝動性消費嗎？

徐　不會，我買東西都會仔細考慮，一般來說，會確認家裡沒有可以取代它的東西才會買，就像有種可以煮義大利麵的濾網，雖然方便，卻只有煮義大利麵一個功能，而且還要特別騰出一個空間放它，我就會想說慢慢用筷子把麵杓起來就好，不要把空間塞太滿。

番　我也不是衝動性消費的人，每買一樣東西都會思考很久，而且我幾乎不看開箱文，朋友說好用的不一定適合我，就像大家都說土鍋好，但我住內湖很潮溼，土鍋容易發霉，不過也是因爲買回來用過才知道，所以我很相信東西一定要試過才可以判斷到底適不適合自己。

徐　我覺得有件事大家可以想想看，買衣服我們會試穿，但買廚房道具爲什麼不能試用？或者說買房子這麼重要的東西爲什麼沒有試住？如果可以試用的話，應該會減少很多後悔的機會。

買到後悔的東西該怎麼辦？

徐　人沒有百分百完美，鍋具也一樣，既然都是考慮過後才買，就接受它，盡量多看優點忘記缺點，就不會一直想要取代他。

番　鍋子的話，我會一直去找更好的，換鍋子對我來說蠻好玩，不過也不會毫無節制。這其實跟我在購買前的考慮有關，我都會確認它是否不容易壞，不會退流行，也會想說等小孩長大可以用，因爲我到現在都還是會跑回媽媽家東看西看，拿她的餐具、鍋具，現在年輕人很窮，如果老媽有鑄鐵鍋，她以後就可以拿去用，想到後路，我就不擔心後悔，可以繼續嘗試。

徐銘志家裡好多職人餐盤，用起來會不會小心翼翼？

徐　我就是用它，很多人都怕敲到，敲到就敲到啊，這就是人生。來我這邊吃飯的朋友我也不會特別提醒他們要小心，當使用成爲自

關於備料盆的事

上一輩的媽媽，都是在菜市場裡買不鏽鋼盆備料的（圖左），漸漸的，生活美學進入台灣廚房，越來越多人開始使用漂亮的琺瑯盆，從器皿的遞嬗，看出時代的美學氛圍。

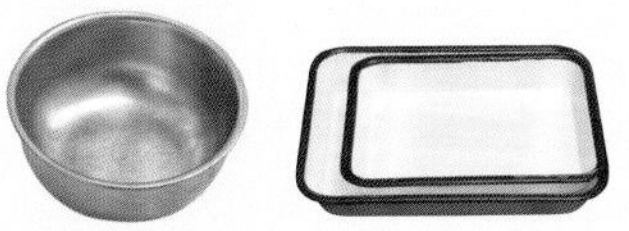

然時，跟一般的餐盤並沒有什麼差別，只是會覺得它們蠻美就是了。

番　我最不會一直買的就是盤子，我的廚房很小，當我需要多一點鍋子時，我就無法買這麼多盤子，我的餐盤是有進就要有出的，我會拿回去給媽媽或婆婆，而且好的盤子都不便宜，要營造出一桌子的感覺往往就要幾萬塊，我會拿幾萬塊去買其他的東西。

你們都好理智，眞的沒有失心瘋的時刻嗎？

徐　眞的很少，我會從功能跟美觀來看，買的時候大概就知道要怎麼用它，可以扮演廚房裡的什麼角色。

番　我也很少，像剛剛在銘志家看到的琺瑯調理盆，我已經想了好幾年都一直沒買，因爲媽媽給我蠻多備料盆，她們以前都是買菜市場裡賣的，尺寸直徑不一的不鏽鋼盆，雖然沒有琺瑯盆那麼好看，但已經很好用了，我就在思考我需要買琺瑯盆回來當我煮飯或拍照用的道具嗎？那媽媽給我的這些又該怎麼辦？要等我想到解決方法後才會來買。

覺得對方飲食生活裡最厲害的事情是？

徐　可以堅持十幾年，每天爲孩子做便當。長期做便當是件非常困難的事，你要變化菜色、想飲食的均衡、哪些菜適合蒸哪些不適合？而且番紅花不是做個幾年而已，她直到現在孩子大學都還在替她們做便當，自己又這麼忙，眞的需要很大的毅力。

番　徐銘志做的菜都很精緻，但明明精緻，呈現出來卻又自然不擺譜，這個風格很難。我知道她在配色菜單食材的運用上都有刻意搭配，都不是簡單的，卻不會讓你覺得遙不可及，很親切溫暖。

器物的表情

徐銘志的暖食餐桌

1

烤起司薄餅佐酪梨醬

2

番茄乾炒小番茄

3
豆豉炒豬肉
5
台版狂水煮魚米苔目
4
南瓜繽紛沙拉
6
慢燉鹹冬瓜台灣牛

徐銘志

朋友來訪，今天的準備

烤起司薄餅佐酪梨醬

超級簡單的一道開胃菜，簡單到賓客常驚呼不可思議，且老少皆愛。

起司薄餅作法

1. 將起司刨成細絲。
2. 烤盤上鋪上烤焙紙，在上頭鋪上作法1的起司，成一塊塊圓形。
3. 放入已預熱180度的烤箱，烤10-12分鐘。

酪梨醬作法

1. 羅勒切大塊，Parmigiano-Reggiano切小塊。
2. 將酪梨、羅勒、橄欖油、鹽和黑胡椒放入食物處理機打成泥。
3. 作法2加入Parmigiano-Reggiano繼續打，讓Parmigiano-Reggiano仍保有顆粒感。完成後佐搭起司薄餅一起享用。

番茄乾炒小番茄

這應該可以稱為親子番茄吧，把同血緣的兩者炒在一起，味道有趣好吃。

作法

1. 油漬番茄瀝掉多餘的油脂，切對半。
2. 起油鍋，將切片的大蒜炒香，下油漬番茄與花椰菜。
3. 待花椰菜熟了後，加入小番茄拌炒約1分鐘，以鹽調味。

豆豉炒豬肉

選對豬肉的部位，讓這道菜瞬間加分，帶脆口感的水晶肉或豬頸肉都很適合。

作法

1. 起油鍋，煸香切片的豬肉。
2. 加入濕豆豉繼續炒香後，加入蒜苗續炒即完成。

台版狂水煮魚米苔目

以台式米苔目作法，卻增加海鮮提鮮，味蕾全新感受，鮮美無比。

作法

1. 鵝油香蔥起油鍋，炒香香菇絲和金鉤蝦。
2. 加高湯或水煮滾後，放入蛤蜊、魚片、米苔目煮熟。
3. 起鍋前加芹菜末、韭菜和油蔥酥即可上桌。

東西不用多，夠用就好

美食圈裡的人多知道，徐銘志的品味很好，從踏進門的那刻起，就被舒服的氛圍給療癒了，陽台上的綠色植物、溫潤的木頭地板、角落的花，以及採光很好的廚房，空氣裡流動著舒爽的氣味。

今天要做6道菜，一點都不見緊張氣氛，要燉兩小時的湯在我們來之前已開好爐火，起司刨出厚度後便放入烤箱做薄餅，聊天時自然傳來的切菜聲，炒豬肉前還不忘把豆豉醬端到大家的面前說：「這個很好用喔。」料理過程行雲流水，邊做邊聊，對談的流暢度甚至會讓人忘記他正在做菜，接著，菜便全上桌了。

徐銘志的生活精簡且充滿著節制。精簡指的不是東西少這麼簡單，要營造出一定的氣氛，該有的細節物品還是要有，但他不貪買，不僅鍋具少（甚至沒有電鍋、炒鍋），連最喜歡的餐具也限定在一個器皿櫃的空間裡，「放不下就不買了」他瀟灑地說，「那麼常做菜，還會想要更大的廚房嗎？」，他回：「不會，這樣就好，大廚房整理起來也累。」徐銘志沒有一般道具控會想一直採買的衝動，也不像許多煮人總希望廚房的空間可以再大一點，他知道自己的守備範圍，畫出一條可以好好照顧的線，在裡面極盡所能做出喜歡的樣子，過著舒適漂亮有樂趣的生活。

獻給家人的三道心意

雞汁鮮筍絲

這道菜需要的是刀工，必須把鮮筍塊盡量切到最細最細，使其吸附到最多的雞汁，就會潤而不油，鮮而不膩。

家常雞汁作法

雞胸骨、雞翅、雞腳等汆燙去血水後，與洋蔥、胡蘿蔔小火煮一小時後，過濾掉細渣，清湯備用。

作法

1. 將新鮮的綠竹筍或麻竹筍，去殼後切塊，以滾水約煮10分鐘。
2. 撈起冷卻後，將筍塊盡可能切成細絲狀，切得越細，口感會越好。
3. 起油鍋，爆香蒜頭和辣椒絲（可省略），下竹筍絲和雞汁，雞汁的量必須淹過筍絲蓋上鍋蓋，小火慢燜約20分鐘。
4. 起鍋前，轉大火將雞汁收乾，以鹽調味，放入蔥段拌炒，即可盛盤趁熱享用。

芥蘭牛肉

這道菜簡單又下飯，沙茶的隱隱焦香味，趁熱最好吃！

作法

1. 牛肉片先用蠔油、米酒、沙茶醬、太白粉醃30分鐘 。
2. 芥蘭洗淨切段。
3. 起油鍋，小火爆香蒜片，然後轉大火爆炒牛肉到八分熟，盛盤備用。
4. 原鍋再入一點油，熱鍋後，放入芥蘭菜大火快炒，加點鹽、蠔油提味，再放入牛肉片一起拌炒，鍋邊嗆點米酒提味，熟了即可起鍋。

芋頭米粉

這是道一上桌就要馬上開動的菜！今天用的是高雄農友的試種芋頭，軟綿好入味。

作法

1. 先煮好一鍋雞骨高湯或備好罐頭高湯亦可。
2. 乾香菇和蝦米分別以冷水泡軟，紅蔥頭切片，胡蘿蔔切絲，高麗菜切成適口大小，芋頭去皮切滾刀塊備用。
3. 豬肉絲用醬油、米酒先醃半小時。
4. 芋頭先油炸或油煎約5分鐘，為了上色和定型，等等下鍋煮較不易煮散。
5. 起油鍋，小火爆香紅蔥頭，再下切細的乾香菇，慢慢煸香，續下蝦米溫柔拌炒，盛盤備用。
6. 原鍋熱了以後，下豬肉絲炒到上色，然後把步驟5的食材倒入，下高湯、胡蘿蔔絲和芋頭一起煮。
7. 沸騰後小火煮約20-30分鐘，煮到芋頭熟透。（熟透時間視品種和品質而定，可用筷子插進去看是否已熟）。
8. 芋頭和湯頭熟透入味後，下米粉、高麗菜，湯頭下鹽調味，煮約三分鐘，米粉軟熟即可。

在效率與完美間找到平衡

走進番紅花家的廚房才知道，原來平常在網路上看到的用心便當、豐富菜色，是在這樣一個小小的空間裡做出來的。位在邊間，沒有採光，不到兩坪的廚房，爐台與洗碗槽的距離幾乎轉身可及，連當儲藏室都顯侷促，番紅花卻可以在裡面45分鐘完成四菜一湯。

不走療癒路線，番紅花做菜像打仗，她說：「煮飯對我來說是工作，跟洗衣掃地拖地一樣，不煮家人就沒得吃，所以我得有效率的完成，這樣我才能休息，才能做別的事。」

既然辛苦，爲什麼還堅持每天做飯？她提醒了我們，家會像家只有十幾年的時間，等孩子長大離開，家的樣貌與定義就會重來了，所以她很喜歡爲全家人做飯，雖然講求效率，但心意與細節一樣不少，日日熬煮高湯，煮米的水、炒菜的鮮，全以自熬高湯補齊。她也在意食材的生產履歷，希望每口都對身體與環境友善，飲食是種投票，她有意識的採買、烹煮，讓餐桌充滿家人間的談話、美味與對土地的理解。

說起料理，番紅花不由自主的想起了母親：「我媽媽這一輩，做菜是寂寞的，不能上傳也得不到讚美，家人吃完閃人，他們就去洗碗，不像我們現在，在網路上就能得到很多浮誇的稱讚。」但網路帶來成就也帶來焦慮，番紅花說她也常掙扎著，是不是該買漂亮一點的餐盤？要不要學誰誰誰擺得再美一點？同時也懷疑，這眞的是台灣的餐桌廚房美學嗎？還是都全面日本歐美化了呢？

在這個眼球快速移動的時代，掙扎與焦慮不會停，但她總是很理智的依循著自己的步調，在每日的實踐裡，守護著「家」的定義。

what did we buy?

日常選物

徐銘志的日常選物

大澤哲哉黑盤

黑和白是櫥櫃裡餐盤的基本配備，也是最好搭配菜餚的款式。不過陶藝家大澤哲哉的這款黑盤，在黑色的基底下，又有變化，有如岩石表面的特殊處理，又像是木頭的紋理，引人入勝。

漆器

每當拿出這個漆器碗裝湯，總是引來一陣讚美。這漆器並不像一般漆器金光閃閃，消光的紅色很溫潤。表面又能看出漆刷上去的痕跡，很有手感。木頭導熱慢，加上圈足的設計，格外適合拿來喝熱湯。

西山芳浩玻璃杯

這是我很喜歡的玻璃職人做的玻璃杯，表面如捶打過的油畫般效果，富有層次。特別是光線透過玻璃杯折射出影子時，就是生活的風景。外翻的杯緣，能體會到職人的「用之美」。

番紅花的日常選物

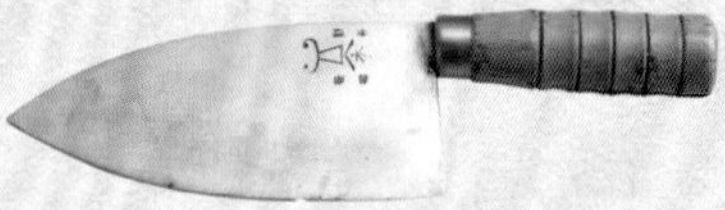

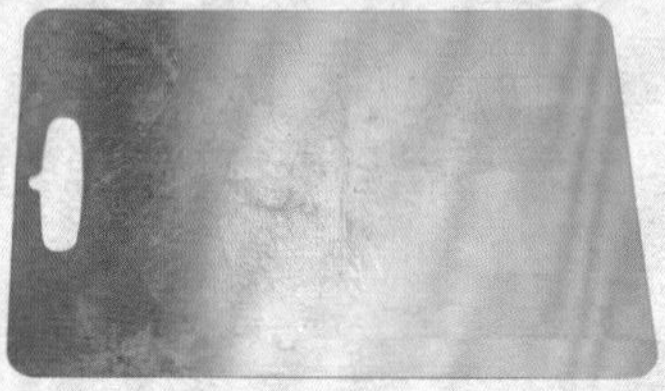

高湯屋

這是我每天都會用到的高湯鍋，找這種20公分瘦長型的找了好久，終於在嘉義布袋找到了！又輕加上又是台灣製造的多好，我就每天放雞骨頭、雞胸、蝦子、洋蔥、胡蘿蔔和一點點薑。高湯會讓食物不一樣，去餐廳吃的價值不就是因為他們會用高湯來炒菜嗎？

吉安市場菜刀

這把菜刀是在花蓮吉安市場跟一位老太太買的，攤子裡賣的全是她先生一輩子在市區挑扁擔賣的舊五金，但先生過世了，她說她先生挑的東西都是最好的，想把它賣完。這把刀很利我很喜歡，因為它我可以暫時忘掉有次（編註：京都知名的百年刀具店。）

台灣製不鏽鋼砧板

家裡廚房很潮溼，我曾經努力照顧過木頭砧板，最後還是發霉了，所以後來選了不鏽鋼，發現不鏽鋼很好用耶，容易清潔容易乾，也不會吸附味道，不過市面上大部分的不鏽鋼砧板都是中國製的，我很在意產地，花了一點時間找到這只台灣製造。

片口器皿

片口是日本器皿當中的一個器型，多半指有個嘴巴可以將液體倒出的形狀，有點類似茶海。我家中有各式形狀大小的片口，喝茶、喝酒的時候用，盛菜的時候也用。這個特大號的片口，又特別好用，宴客時，裝沙拉、裝有湯汁的菜餚，都很適合。我還看過日本人用大片口裝酒，在秋天時，上頭還擺上楓葉。

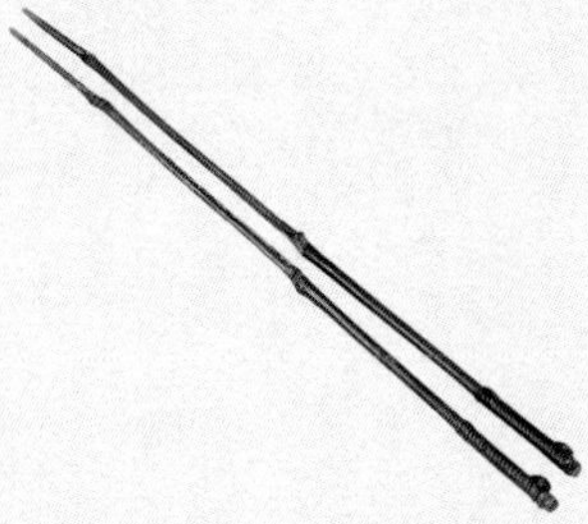

竹製料理筷

細竹造型的料理筷，把竹子的美表現得淋漓盡致，造型、顏色、比例無一不美。對於常做菜的人來說，料理筷又是很實用的工具，我先買了一雙後，沒多久就又添購了兩雙。

鋁製雪平鍋

我家中唯一一個雪平鍋，用來氽燙食物、煮湯、煮醬汁，甚至也用來炸食物，根本就是廚房裡的大功臣。容易清洗、鋁製的加熱快速、份量剛好，是其受青睞的原因。唯一的不方便是，這雪平鍋柄後沒有吊環可以懸吊起來。

台灣菜市場備料盆

菜市場很容易買到的備料盆，全是從媽媽婆婆家裡拿來的，大小尺寸不一，卻是台灣傳統廚房裡的味兒。我們的許多飲食書與資訊都從日本來，關於台灣廚房越來越日本化這件事，我也還在思考，它雖稱不上美，卻也蠻好用的。

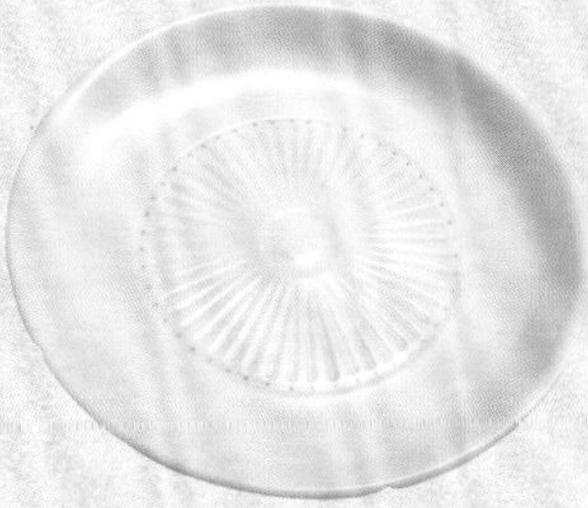

京都大盤

這是在京都北野天滿宮的天神市集買的，直徑約20公分。我常煮大條魚，需要大盤子，這只盤子夠大且拍照起來好看（媽媽有時候還是會很在意美感的）。

富山蒸籠

在萬華的富山蒸籠買的，我家沒有大同電鍋，要蒸東西就讓蒸籠來。我很在意饅頭蒸起來會不會濕濕的，用蒸籠來蒸就會很漂亮。

profile

葉怡蘭

出生於台灣台南。很早就決定以「享樂」做為終身職志。並堅持相信，真正的「享樂」，不是短暫的炫惑聲色之娛，也不是一味金錢或地位的堆積；而是需得認真的涉獵、深度的累積，寫作與研究領域橫跨飲食文化與趨勢、食材、茶、酒以及旅館、生活與器物美學。著有《日日物事：簡單又富足，葉怡蘭的用物學》、《日日三餐，早・午・晚》、《紅茶經》等書。文字與攝影作品散見各地各大華文媒體。《Yilan美食生活玩家》（www.yilan.com.tw）網站與「PEKOE食品雜貨鋪」（www.PEKOE.com.tw）主人、Facebook「葉怡蘭Yilan」專頁粉絲超過30萬人，並不定期開設各種飲食、旅遊、生活美學講座與課程。

美好的飲食生活，
一定要昂貴器皿或名家作品嗎？

葉怡蘭說：
日用之器，平實就好

文／葉怡蘭　攝影／林志潭

怡蘭的選物學—物用即美，量力而爲

溫厚質樸的土鍋，比起不鏽鋼或鑄鐵鍋更多了閒靜雍雅，連鍋上桌，總覺得盛裝其中的菜餚湯品之鄉與味與韻都更顯雋永悠長。

前數月，受邀參加鶯歌陶瓷博物館的年度大展「飲食物語—陶瓷器皿與文化的日常」中的「大家的餐桌」主題展，將我的日常餐桌器物與擺設搬至博物館中展出。

展前數日，佈展完成後，順道參觀了其他的展檯，剎那不禁莞爾：相較其他參展者，我的餐桌器物不僅來源極是分歧，台、日、歐洲與東南亞各地均包括，且皆爲平實日用之作——果然一問，所提出的展品價值總額也是最低。

頗能代表我的器物觀。

是的。我之看待日常餐桌食飲器用向來絕不追高。那些價昂的珍稀的罕有的難能高攀的名器名物，從來總是欣羨遠觀就好；眞正所欲所用，必然以能力心力可及可負擔爲前提。

只因相信，人與物間的情致，無論如何還是君子之交細水長流爲好。

雖說出乎一貫堅持，宛若盟誓一樣，每添一物，都定然再三確定是眞正需要、非有不可，且願能終身依戀、相伴相守，方才肯出手。

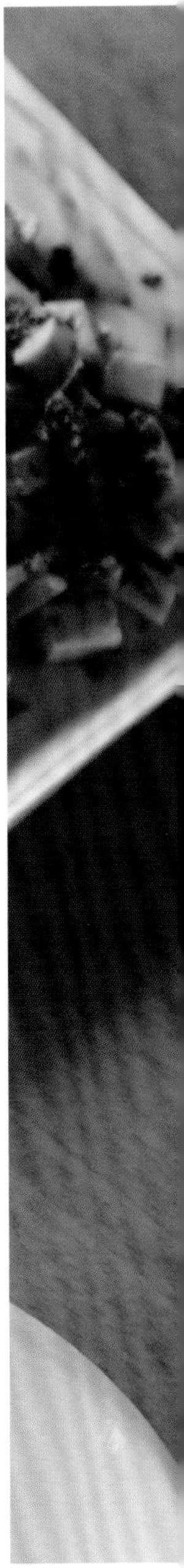

但即使如此，同樣知道是，人與物間的緣份其實無常，即使再多呵護憐惜，舊殘損破依然難免。最重要是，都是日日重度使用之器，非爲收藏展示而存在；尤其本身也非容得縱情揮霍、得失全不放心上的富裕之家，膽識氣魄俱不足，若昂貴太過，心有罣礙顧忌，相處起來綁手綁腳、無法眞正灑脫放鬆，反而本末倒置了。

所以，早從一開始便爲自己設下嚴格規定——年輕時阮囊不豐，以千元爲門檻，等閒不輕易越份；現在寬裕些，標準稍微往上放寬，但還是習慣時時警醒，再三考慮爲要。

遂而，從不避忌四處遍見的工業設計量產品，就算出自著名窯元或職人，也非爲精雕細琢藝術品，而是簡約渾然而就、甚至規格化半手工製作之樸實日用品。

年輕時阮囊不豐，以千元爲門檻，等閒不輕易越份；
現在寬裕些，標準稍微往上放寬，
但還是習慣時時警醒，再三考慮爲要。

雖然因此只得將不少暗自心儀憧憬的名匠藝作全屏擋門外，卻漸漸發現，這樣的持守，心胸與眼界似乎更寬廣開闊：不受價格名聲惑誘，更不爲等級之高下貴平牽動，明白純粹只從「用」與「悅」出發，確實好用、派得上用場且質感樣貌能動我心，便歡歡喜喜納爲餐桌廚房夥伴。

特別多年下來，日日操持咀嚼，更越來越能懂得，在此原則下所擁所得的器物，自有一種迷人的踏實篤定之氣。

一如日本民藝大家柳宗悅等人所經常高舉的「無心」、「無事」、「莫造作」——因應常日所需、從「平易」中孕生，不求極致不求超越、不刻意雕琢造作；乍看或許平凡，卻能在日日生活裡點滴摩挲出溫潤自在、且與其餘器物親切和融的韻與美。

而這美，才是眞正端莊強壯、恆長入心。

最依賴的柳宗理單手鍋，讓我打破餐具鍋具向來一種只肯一只，從不成對成套的購買原則，暱稱為「不鏽鋼三兄弟」，常常一頓飯就靠這三兄弟完全對付。

不圓的盤之必要

自從開始在社群平台如臉書、微博等分享我的一日三餐後，多年來影響迴響無數；其中，和網友的交流對話裡，被問到、提及最多的，除了「這道菜怎麼煮？」，就是有關餐具擺盤的問題了。

事實上，和大家的想像不同，我的餐具收藏其實一點不算多；特別二〇一三年小宅重新翻修、痛快捨離大半後更是精簡，一個中島廚檯大抽屜便大致收容完畢。

盛盤擺放與搭配更談不上什麼費心講究，幾乎都是菜餚即將離鍋瞬間，順手拉開抽屜隨意一個張望，看中哪個就抓哪個上場。

所以，每有媒體問我，是否有什麼餐桌佈置哲學？總讓我一時語塞；但若要說全憑直覺似乎也不盡然……久而久之慢慢留心自我觀察歸納，這才發覺，好像還真有那麼一套習慣章法——我稱之爲「錯開式」擺盤法。

首先是，餐具本身絕不重複。

日本田森陶園

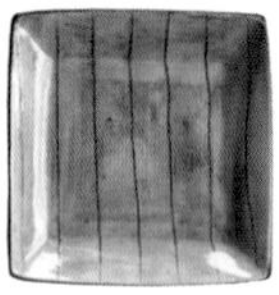

日本沖繩
Atelier gucchane

適度放上一、兩只「不圓」的盤，餐桌剎那間變得活潑有生氣

出乎向來習慣，財力與居家面積均有限情況下，爲能廣兼博愛、多樣擁有，遂而不管杯盤碗碟，一律是一只一只、而非一套套採買；因此在咱家，如家飾雜誌裡那般全套餐具聲勢浩大氣派亮相，是永遠也不可能出現的畫面，反是個個模樣長相各行其是，熱熱鬧鬧。

但說也奇怪，也許因向來偏好單純低調簡淨風格，遂而，形貌樣式不統一，卻很少發生彼此扞格不搭的狀況。反是爲求變化，每回盛盤上桌、選擇餐具之際，在留意彼此協調性之外，還會再更「錯開」：不僅和菜色自成對比以能凸顯；餐具彼此間，除顏色、圖案、材質力求不同，最要緊是形狀、甚至高矮深淺也互異。

——是的。我總常下意識地，避免餐桌上只有圓盤。

大大小小圓呼呼團團擺開，看似喜氣討巧，但總覺四平八穩少了點個性與味道。

這中間，若能適度加入一二「不圓」的盤，不管是長方、正方、橢圓、長圓，都能讓餐桌剎那變得活潑有生氣。

「錯開式」擺盤法，餐具不成套、不重複、高矮深淺也互異。

且實際盛裝，略偏長形的盤，不僅更能容納形狀頎長的菜餚，擺盤時也更能激盪出多變趣味和創意火花。

因此，在我的眾餐具間，不圓的盤始終占有一定比例；餐具店餐具專櫃裡每有相遇，常忍不住多看幾眼，若有投合者，也比圓盤更願意掏腰包帶它回家。

但當然對我而言，不圓的盤雖然必要，卻非完全主角，整體數量仍然少於正統主流的圓盤。畢竟根據經驗，整桌正方長方橢圓長圓，往往太顯紛亂嘈雜，圓與不圓，還是相互攜手襯搭較好。

只不過，不圓的盤越來越多，另一小小困擾是，比圓盤更占位置、難以堆疊收納；爲省空間，許多只好盤隙間直立存放，頗費周章……這煩惱，若誰有解決之道，還請慨然分享一下！

recommend book !

《日日物事》

Part 3

讓飲食生活趨近嚮往之處的細節思考

文／馮忠恬

到幾位很會過生活的朋友家吃飯，看他們如何在限制底下，照顧自己與家人。每個人都有些小秘訣，讓我們偷學起來！

Liz家的開放廚房

1

廚房不一定要大，但可以把隔間打掉，連通客廳或餐桌

城市寸土寸金，不是每個人都有大空間，允許的話，打掉原本的牆，變成開放式廚房，即使坪數小，也會因視覺開闊，感覺更舒適，在廚房工作也不會覺得被關在裡頭，隨時可跟外界互動。

2

用簡單的方法，替廚房多弄一個檯面

許多人都喜歡中島廚房，不過中島需要經費與空間，不如來弄個簡單的檯面好了！大部分的廚房備料空間都不足（有沒有常覺得東西沒地方擺？）不需洗碗槽，只要多個檯面就會很有感。

徐銘志的廚房沒有特別大，卻因多了一個檯面在備料上更方便，不想訂做的話，去家具行或古董店買適合的桌子也可以。

3

餐具、冰箱放外頭

廚房小的話，就別把冰箱、餐具都擠在裡頭了。若收納空間有限，可以讓給刀具、鍋具等烹飪道具，買個餐具櫃放不遠處（例如餐桌旁），讓那些好看的餐具也可以被好好的展示。

比才餐桌旁有個好看的碗櫃，用餐前挑一下，就可以把喜歡的餐具擺上桌。

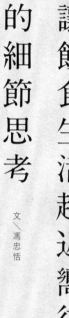

7

來煮高湯嘛

番紅花、徐銘志、陸莉莉都常熬高湯，番紅花甚至每天都煮，各家有自己喜歡的配方，不外乎雞骨、豬骨、雞腳、洋蔥、胡蘿蔔等各式蔬菜（日式高湯則用昆布與柴魚）。熬高湯不難，費時也不若想像中久，卻可以把料理提升到另一個層次，在家就可以煮出餐廳的高級感。

番紅花廚房左上角的高湯鍋，，每天都架在爐火上，料理時隨時可取一瓢使用。

6

懂得幾道簡單的大菜

做菜有時需要一點虛榮心（尤其朋友來訪時），手上一定要有幾道簡單美味看起來卻很威的大菜，陸莉莉的客家鹽焗雞、菱角豬肚湯都是（詳見第39頁），這種把食材包覆起來烹調，上桌前才打開的表演菜，絕對會讓同桌者哇哇大喊：「你好厲害！」

把雞包入荷葉，丟入粗鹽裡燜熟即可。

4

還要再買嗎？設定出空間底線

即使很愛餐具的徐銘志，也給自己框出了界線，他說：「外面的櫥櫃滿了就不買了。」無論食材、鍋具或餐具，都有該擺放的位置，滿了就停止，要進就得出（看要賣掉或送人），避免無止盡的陷入愛買輪迴裡，東西越多，人越不清爽，冰箱也是，不要放到滿出來，八分滿就好。

就是這個櫃子！滿了就不再買了。

5

試試看廚房不裝上櫃

請認真看，Bianco家的廚房沒有上櫃！設計師愛留白，她把這份喜歡用在廚房裡，誰會捨得不裝上櫃，少了收納空間？Bianco卻偏偏留白留的很開心，她說：「這樣光線才不會擋到。」也讓她的廚房清爽度榮登第一名！先把想法收著，等到哪天更懂斷捨離時，或許可以用得到。

8

善用醬料，省時又帶出多元的風味層次

辣椒醬、豆豉醬、大蒜醬、番茄醬、豆瓣醬，這次封面故事的採訪者都很擅於用醬。Liz會在味噌湯裡加入辣醬、徐銘志則用豆豉醬炒豬肉、番紅花最近新發現了一款桶柑辣醬，Bianco則是煮什麼都喜歡加大蒜醬。好醬料是廚房必備，下次《好吃》來做一個醬料專題好了。

跟徐仲學！

我的理想廚房

乍聽題目，忍不住笑出聲，因爲本人在親朋好友眼中，屬於動口不動手的君子閒人，若是妻子知道此一命題，應該會瞇眼微笑，好奇我膽有多肥，將會如何指點「她的」江山？

無論如何，理想一詞屬於未來式，面對此命題，我會輕聲告知，若是將來某日讓我掌廚，爐灶所在的理想之處，必然是個「有溫度感的空間」，這句話的解讀分兩部分，一是感性思維，二是理性分析。

感性層面談「有溫度感的空間」，關鍵在於「廚房色調」和「層架擺飾」，前者談溫度感，後者是空間。

向來認爲，房間的色調，猶如文章的開場，若是賞心悅目，自當愉悅捧讀。看過不少廚房，有些設計講究北歐風情，色調白冷黑孤，宛如進入美術館，美則美矣，但太像樣品屋，讓我不敢恣意玩耍；有些講究日本式的素淨色澤，強調居家的日常美，狀似實用，卻有莫名拘束，彷彿被柴米油鹽綑住了。

身爲經年遠庖廚的代表，理想的廚房自然不是爲了三餐溫飽，而是如同我的工作，那是研究食材的美好空間。因此在色調上，最好是明亮的溫暖的歡愉的隨興的，譬如台式三合院的紅磚紅，或是托斯卡尼艷陽的向日葵黃，這類色澤，暖意滿滿，一轉開爐火，就想扭腰擺臀吹口哨。一面對食材，就想舉起雙手開始指揮，進行美味樂章的探索。這樣的廚房，對我來說，很有溫度感。

至於廚房的層架擺飾，有些標榜實用，強調收納功能；有些講究生活美感，運用綠意盆栽排出禪風或歐風，對我而言，實用和美感缺一不可。關於實用的層架設計，我不喜歡太強調收納功能，反而喜歡中古歐式廚房的概念，鍋碗杓盤大方擺出，不僅使用拿取方便，吊懸疊放中，美感如畫。關於擺飾美感的要求，我不反對廚房有盆栽，但要有實用性，譬如盆栽是到手香或七層塔，牆角或壁面，有著瓶瓶罐罐甕甕缸缸，乾燥香料醃漬物品分門別類，需要即有味道，閒暇亦是畫作，如此空間，心嚮往之。

若是以理性分析「有溫度感的空間」，焦點在「溫控廚具」和「檯面設計」，前者主導對溫度的定義，後者則歸屬對空間的要求。

身爲食材研究者，廚房就是實驗室，因此要談理想的廚房，又怎能少了「溫控廚具」？溫度不對，食物走味，一如唱戲的腔，關鍵在掌

profile

徐仲

縱橫美食圈18年，被稱為台灣最懂食材的人之一，不在產地，就在去產地或書寫食材的路上，是業內許多主廚、美食記者等諮詢、仰賴的對象，近六年都在做台灣醬油研究，跑遍全台醬油廠，正準備將成果著作成書。

Insight 02

握抑揚頓挫的要訣，以往靠師傅的手藝經驗，抓捏加溫的火勢和時間，而現在則可靠科技，追求相對性的精準。這類器具大多是現代西餐館必備，譬如油炸機、氣炸機、舒肥機、有溫控的探針插頭、蒸烤箱或急速冷凍機等，有些屬於輔導機具，提高煎檯或炮爐等傳統廚具功能，有些則直接取代傳統，造就另類食物口感，如此如是，有合適的好廚具，才能讓廚房變成有趣的玩耍之處。

既是以探索玩耍的心態走進廚房，適當的「檯面設計」就是對空間的要求。一般而言，廚房的溫度往往偏高，太熱了，人不舒服，但開了空調降溫，卻又影響食物美味，因此以檯面作爲隔離帶，透過間距、材質或形狀，還是加溫燈等機具，讓進入廚房操作時，不會大汗淋漓心生煩躁，也不至於因溫度錯誤產生美味的遺憾。

如此如是，一個在感性和理性都能強調溫度感的空間，就是我心中的理想廚房。

文／徐仲

跟毛奇學！

在框架的限制裡，過理想的飲食生活

「女人要有自己的房間」，吳爾芙這麼倡議的。這樣講的是新時代的女性需要在家務與家常空間中撐出一片天地，最好是自己的書房——乘載知識與思想，還要有錢，有自主的能力。時過一甲子，情況恐怕徹徹底底反了過來，對於文明進化的大城市居民來說，密集的人口，有限的土地，水漲船高的房價、便利的外食型態，近年還加上食物外送的推波助瀾，擁有一個明亮乾淨、足以旋身的廚房，恐怕才是難事。

擁有一間斗室和書桌，處理的是工作之事；擁有一間廚房，意味著幾件事：一點餘裕，有機會能夠掌握食物的全部面貌，能夠串連起產地市場與餐桌，能夠透過煮食與吞嚥這樣的生物本能，把斗室中的自己跟城市外廣袤的農田、生產環境連在一起的可能。於是廚房變成是生活中的小小出口，因爲煮食有了發揮的場地，使得我可以在週末的早上早起去菜市場，掬一把新鮮帶水露的蔬菜；可以在下班回家的深夜，踱步到廚房去，扭開瓦斯，在火焰一吐一吐中，燙一把青菜，煮一把麵。長日漫漫，雜事如麻，什麼也不能阻止一個肚子餓的人餵飽自己。

從離家唸書開始，撇除大學一開始規定住宿，那是沒有廚房設置可言的宿舍，在公共茶水間，雖有人會拿電鍋烤箱在那邊加熱，但太容易一個不小心就因爲高功率負載跳電。所以打從搬出學校宿舍在外租屋開始，我就堅持廚房之必要。

廚房之必要的原因有，生活型態改變，跟同學們不會再像往日一樣一天到晚黏在一起同進退；而外食不均衡，自己煮又能同歡，是很好

profile

毛奇

飲食作家、深夜女子公寓的料理習作主理人

本名蕭琮容，深夜時段起家，烹煮料理以明志，作為在都市求生的方法。人類學學徒，曾行走異國與台灣鄉鎮尋訪食物產地與人群，出社會後，從事文字媒體與影像工作，用烹煮食物與書寫跟人們說說話。相信吃東西的時候，是人離自然最接近的神聖時刻。作品散見於書籍與報章媒體，並著有《深夜女子的公寓料理》一書。

Insight 03

聯繫感情的方法。很多年後，別人問起我如何開始料理的時候；我就會想起那些窮學生酒酣耳熱，五個人分一隻螃蟹，幾個人分一條魚，斤斤計較菜錢，一邊討論課業與日常所聞，充滿歡笑的日子。

到了現在，我依然是租賃公寓而住，在預算範圍間，實現安居樂業的想望。選房的條件，大致幾個不能將就，地段可省，廚房不能；電梯可省，安靜眠床不能；繁華沒有清晨與傍晚的窗戶和光線重要，這三者形成在異地生活的核心條件，不能妥協。這幾年來陸續住過新竹、台北、義大利、德國，看房子的邏輯都是這樣的。飲食文學名家ＪＦＫ費雪寫在一二次大戰期間的書寫《如何煮狼》，文中，狼是凶險的世界情勢，狼是飢餓的胃口，她就饒有餘裕地寫，怎麼在物資缺乏的情況下燒水、打蛋、用麵粉、燒飯。我讀得津津有味，從此相信創造力的根源在於框架的限制，突破以及想活得「不差」的心智，會讓人發揮潛力，做出其所以爲不能。只是那時費雪的限制是食材，我現在的限制是廚房的繁簡。

但且讓我用原始人似的發言來說，跟黑晶爐比起來，我更偏好有明火的廚房。直火帶來的力道，很難是溫吞的黑晶爐模擬的。比如我在義大利時養成早上自己用摩卡壺煮咖啡的習慣，就還是咖地一聲打開瓦斯爐，加熱到嘶嘶作響煮出來的咖啡濃醇好喝。用其他熱源加熱，就少了宛如正面一拳的苦黑力道。也有些時候，我邀請朋友們來家裡吃飯，我會在桌上好好插上一壺花，調度烤箱、電鍋與鍋爐之間的使用時間，多線進行效率地完成一餐的烹調。但也或者爲朋友義不容辭，站到檯前享受爲大家烹飪的樂趣，而我們把一餐假日裡的餐飯，佐以最多的話語，吃到最慢、最慢，鋪陳出共食的美好時光。

有時，我一邊煮著母親的肉燥，阿公的芋頭排骨，濃稠鹹香中，試著滋味的鹹淡，不管廚房的大小，深夜與白天，炊煙裊裊。理想的廚房與烹飪，也連結了自己和原生的家庭。當我一遍又一遍複習著從母親的味覺的時候，我們正打造著自己的廚房堡壘。「傳承」這件事，說來簡單又複雜，大抵是發生在我們學著模仿回憶的同時，賦予料理新意，就完成了世代的遞嬗，成爲獨立又與家庭絲縷不絕的新人。

文、攝影／毛奇

Food! Food! Food!

攝影計畫 vol.3

No Good and Goodbye

Columnist

DingDong 叮咚

非典型攝影工作者，擅長在生活時光中自然擷取。在他的鏡頭下，平凡的每日場景，總可以充滿柔軟的瞬間。

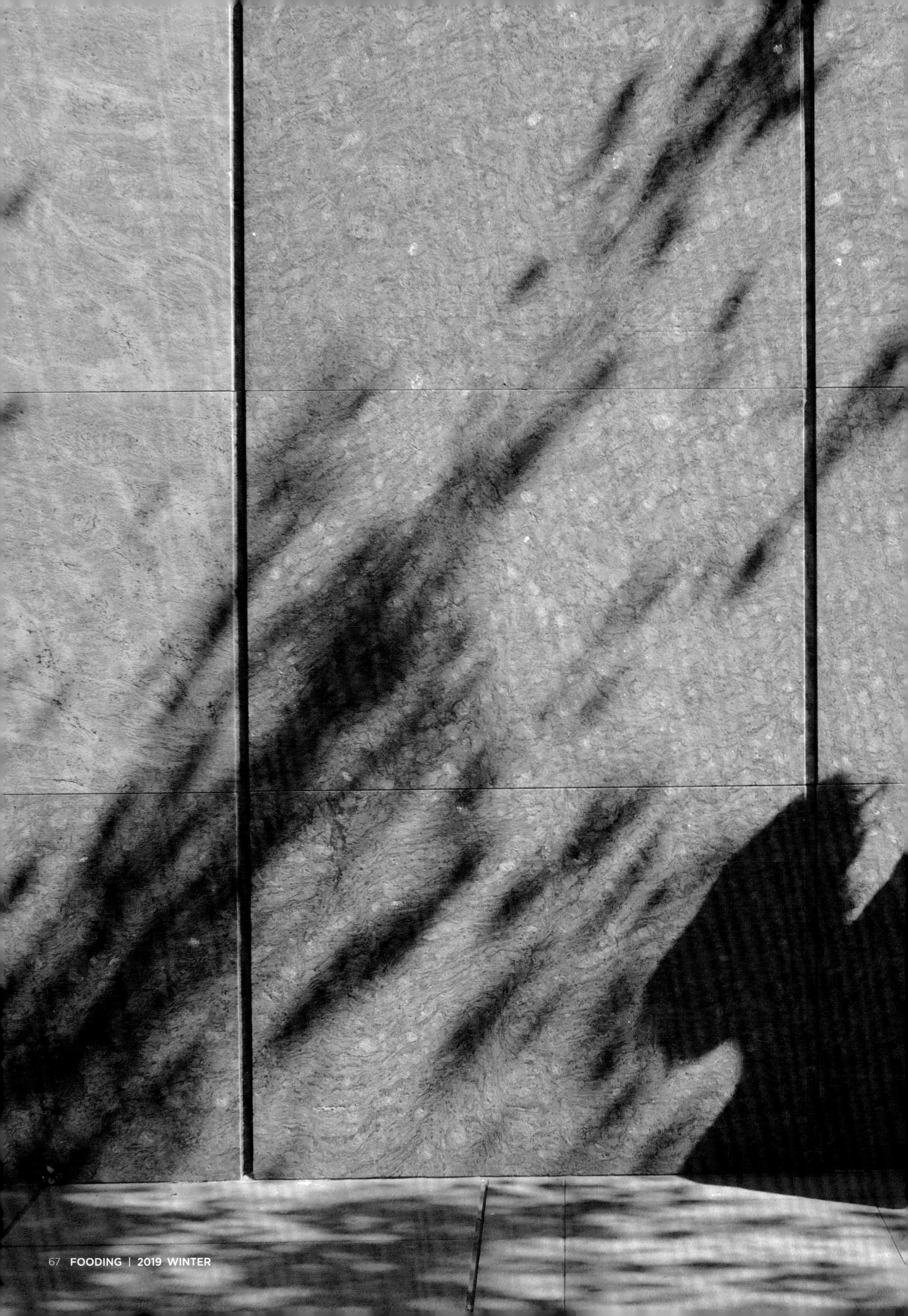

突發性耳聾，沒預警的在凌晨夜裡，襲擊曉玲的左耳。

首先是耳朵被摀住的感覺，只能聽到些許的聲音，接著各種難以形容的噪音聲響，到隔天起床，狀況更加劇烈，耳鳴伴隨暈眩，整個世界彷彿上了兒童樂園的咖啡杯，旋轉、旋轉再旋轉。遊樂場的咖啡杯會停，但真實人生的受損不會停止，醫生檢測出曉玲的左耳已經受損超過100分貝（註），請她趕緊轉往醫學中心就醫。

發病3個月又19天的這天，我在咖啡店遇到曉玲，我眼前的女生，帶著笑，有時講話特別大聲，她發現後帶著害羞，摘下戴著保護左耳的耳塞。

發病，關掉經營12年的店，暫停所有的工作，整理一段關係，都在這段期間接續發生。這樣迅速果決的捨棄所有，跟她這麼多年來為了穩定而做的努力背道而馳。講著講著眼眶紅了。

註：聽力受損大於90分貝屬於極度嚴重，無法正常交談，且使用助聽器效果不佳。

長期經營服飾店、同時也是Model，總是能將自己外在打理得很好，好到讓大家都忘記需要照顧她的心，她自然學會勉強，長成總是很堅強的樣貌，覺得「我好像都可以做到！」

病後收到幾本關於健康飲食的書，開始試著在家裡做飯給自己吃，看看Youtube料理頻道，打電話給媽媽詢問作法，沒有經過特別的學習，慢慢的自己摸索。每天由料理自己的三餐開始，消化暫緩一切後多出來的與自己相處的時光。手上切著洋蔥洋菇，依序放下鍋內爆香，生米與水在鍋內攪拌，薑黃粉一不小心倒出太多，但也沒關係，自在，意外換來一鍋濃郁的燉飯。

左耳的治療持續進行，狀況變壞的擔憂沒有停過。但每日做飯把自己餵飽這件事，是如此真實地掌握在自己手中。

迷途中找尋指南，等著英雄來拯救，不如隨心而去，享用眼前這一道光。

第一次爬山，第一次露營，第一次拿起相機攝影；替極簡約的家購入木質色長桌，跟朋友短途旅行了幾次，掀起袖口還有曬傷脫皮的痕跡，都是在這3個月又19天中發生。

她笑著說，「明天是我第一次露營，一大群人我只認識三個，但我想去試試看！」「下次旅行我還要挑戰住hostel！」這些在我眼中看似簡單的願望，對於十幾年來將大部分時間獻給工作的她，是如此新鮮！

那NG左耳帶來一連串的大災難，彷彿是等待拆開的禮物，來到生命旅程之中。

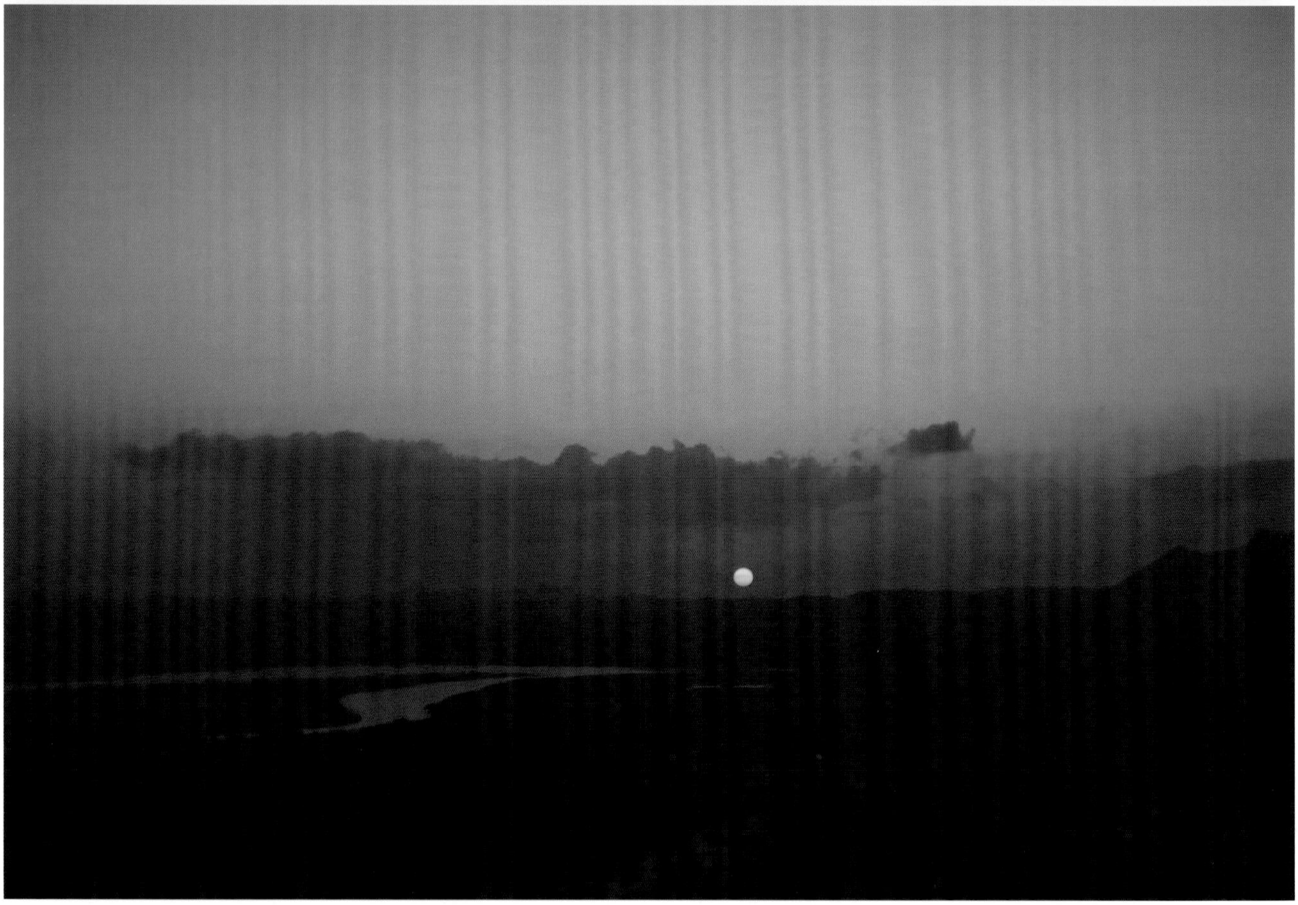

特別企劃

那些我們很想告訴你的小食

嘉義

CHIAYI

某天，我們聊到嘉義，朋友説，嘉義真的是個很被小看的城市！雖然Netflix的「世界小吃」影集，讓大家開始關注它，不過，在鏡頭之外，還有哪些隱藏版的食物呢？

光環集中北部久了，該是好好關注南部縣市，上期《好吃》行到屏東，這期我們決定到嘉義，並請來兩位性別、國籍各異的特派員大PK，想要知道，兩位吃貨的嘉義觀點是什麼？

結果一個好愛雞肉飯一個要告訴你雞肉飯以外的事……

日本特派員

安田夏樹

1975年出生的京都人，2014年9月因工派駐台灣，即將迎接第5年的台灣生活。熱愛這片土地及美食，已環島5圈（金門等離島也去過5次以上）。曾為了吃一碗25元的雞肉飯，付出2160元的高鐵直奔嘉義，自許為地下版的台日觀光大使。

VS

台灣編輯手

李佳芳

下鄉編輯人、嘉義新住民，主持ESPRES:SO如此表達工作室。長年從事編輯寫手工作，雜誌網媒的隱形協力伕，喜歡鑽進台灣鄉下找題目，最喜歡的食物叫小吃。

安田夏樹

雞肉飯凍蒜！我的嘉義必食地圖

翻譯／張子萱

1

才不告訴日本人呢

阿樓師火雞肉飯

這裡當然不會有日本人！關於嘉義雞肉飯的日文情報非常稀少，這間是我珍藏的口袋名單。來這裡，不妨一試我自己的一套奢侈吃法——在火雞肉飯表面疊上肉片，感受肉汁與醬汁在口中跳出和諧的舞步，臉上是藏不住的幸福。

Shop info

阿樓師火雞肉飯

嘉義市東區吳鳳北路102號
16:00-00:00
05-2282-738

2

聞香而來的店

劉里長雞肉飯

每次想吃點鹹的，便是我展開雞肉飯流浪之旅的時候了。不小心被油蔥酥的香味吸引，相信能散發出美味氣味的絕對是名店。點了標準版的雞肉飯，雞油將白米一粒粒滲透，點綴上鹹香的油蔥酥，簡直完美！店裡全是常客，根本看不到觀光人潮，受在地人喜愛的店等於美味，果然是不會出錯的方程式！

Shop info

劉里長雞肉飯

嘉義市東區公明路197號
07:00-14:30、17:00-17:30
（週一休）
05-2227-669

3

絕對必吃火雞片飯！

阿溪火雞肉飯

這是間受到嘉義人喜愛的雞肉飯老店，早晨5:30到中午13:30的營業時間（完售即打烊），其中火雞片飯更是數量限定、絕對必吃的一道。屬於日本食物的黃色蘿蔔乾配上雞肉飯，台日的友好象徵，讓我覺得非常開心。

Shop info

阿溪火雞肉飯

嘉義市西區仁愛路356號
05:30-13:30（週四休）
05-2243-177

4

日本人瘋珍奶？那是因爲他們沒喝過這個

源興御香屋葡萄柚綠茶

Shop info

源興御香屋

嘉義市西區中山路321號
10:00-20:00（週三到週五）、10:00-21:00（週六、週日）（週一、二休）
05-2253-828

最近日本非常流行台灣飲料，但對我來說這間店才是正港的台灣drink！雖然總是大排長龍，但等待的過程卻會讓人非常期待等等的那一口，排越久期待感越大，在炎熱的午間來一杯是我的消暑良方，清爽葡萄柚果肉配上綠茶這種不可思議的組合絕對能在日本造成大轟動！

5

嘉義人的慢早晨

嘉義南門包氏碳燒杏仁茶

嘉義的早晨不喝咖啡，取而代之的是杏仁茶。碳燒熬煮的杏仁茶加入了蛋黃，喝起來就像是牛奶奶昔（譯註：milk shake，日本喫茶店常見的飲品，成分以牛奶、蛋黃、糖與香草精為主），是小時候常喝的懷舊之味。喝了一口後，把油條浸入杏仁茶中，吸收杏仁茶的油條讓人彷彿戀愛了！ 9點左右就完售收攤，不特地早起前去的話絕對會後悔。跟當地居民一起將杏仁茶喝光光、度過悠閒的早晨是最棒的Slow Life！

Shop info

嘉義南門包氏
碳燒杏仁茶

嘉義市文昌街51巷10號
05:00-09:00（週一休）

6

豐富的黃金鍋物

林聰明砂鍋魚頭

第一次看到這道料理還以為是魚在泡澡，實在是嚇傻我了！大量使用當地食材，可說是嘉義料理的代名詞，吃來非常令人滿足。使用滿滿蔬菜以及鮮魚熬製的鮮味湯底，調和出很棒的平衡感，鍋裡的豆腐及豆皮則吸收了各種精華，超～美～味～毫無疑問，是道由炸成金黃色魚頭所烹調而成，配料豐富的黃金鍋物。

Shop info

林聰明砂鍋魚頭

嘉義市東區中正路361號（中正總店）
12:00-22:00
05-2270-661

7

日本人想不到珍珠也可以這樣吃！

阿娥豆漿豆花

說到豆花便可以聯想到嘉義，畢竟嘉義是以豆花出名的地區。微甜豆漿加上滑溜的豆花，在日本可是非常高級的食材呢！（就像是京都出產的絹豆腐），而且阿娥又加入了現在日本最流行的台灣珍珠，誰想得到在嘉義的豆花老店也可以進行「珍珠活（動）」呢？（譯註：原文為タピ活，意指一起去喝珍珠奶茶的活動），在我看來，把豆花完食後，一口氣喝完珍珠豆奶是一種態度！

Shop info

阿娥豆漿豆花

嘉義市東區文化路與延平街口
15:00-23:00（週二休）
05-2243-016

8

7UP遇上楊桃汁

東市楊桃冰

對日本來說很稀奇的楊桃汁，在台灣卻是代表夏日的酸甜飲品，除了傳統楊桃汁外，還有加上7UP的版本，沒想到超級合拍！小販不但有傳統混搭當代的創新思維，歐吉桑老闆也很親切，實在是太讚了！

Shop info

東市楊桃冰

嘉義市東區忠孝路口號光彩街
07:30-17:30
05-2161-011

9

完美的結尾

打貓冰果室布丁

這間店是嘉義的布丁聖地。大啖嘉義美食之後，吃一顆「完美結尾的布丁」是絕對必要。不只是上頭的布丁，底下被焦糖醬滿滿滲透的刨冰也非常美味，第一口布丁、第二口吃刨冰跟焦糖醬、第三口把布丁、刨冰跟焦糖醬一起吃下，是最棒的完美結尾。吃了這裡的布丁，會感到幸福，當天晚上也會睡得特別香甜喔（笑）。

Shop info

打貓冰果室

嘉義市東區中山路76號
10:30-22:00
05-2755-222

李佳芳

火雞肉飯以外，懶得告訴你的那些

1

兒童適宜的青草茶
國際青草茶

一路走來國際肉粽、國際豬血湯、國際青草茶，西門路是全嘉義最「國際」的街了！之所以都取名叫國際，乃是因為附近有家「國際戲院」，如今老戲院已消失，可依存的攤商卻還在，循著名字線索可回味老輩人熱愛的戲院美食。最常買的國際青草茶，並非強打機能性類型，就是甜甜涼涼又順喉，想要再多療效就沒有了，是連小孩子都會愛喝的那種。雖然可以買杯裝，但強烈建議罐裝，老店的塑膠瓶不知為何是熊貓造型，轉過來手把那面又是象鼻形狀，整體設計超鬧的！

Shop info
國際青草茶
嘉義市西區西門街63號
8:30-22:30
0983-306-278

2

在嘉義一定要知道的正餐選擇
蘭潭古早味乾麵

午餐完全沒想法，不假多想的正餐選擇，除了火雞肉飯之外，就是蘭潭麵了。蘭潭麵不是什麼特別的麵，賣的就是最傳統的陽春麵與小菜，但因為開在蘭潭水庫旁而得名。蘭潭麵厲害在於老闆滷製的肉燥澆頭，是老輩人所謂「古早味」的那類，與生蒜泥拌入扁薄的陽春麵，涮涮入口不小心就瞬間嗑完，配上韭菜與酸菜調味的豬血湯（大腸湯也很令人猶豫），近乎完美。滷味樣樣都好，特別推崇滷鴨翅，老闆娘切功俐落，刀一橫、撇起菜、順勢擺盤，卻整整齊齊，看了就心頭好。

Shop info
蘭潭古早味乾麵
嘉義市東區小雅路57號
11:00-20:00（日、一休）
05-2770-959

Shop info

嘉義肉圓

嘉義市西區向榮街28號
12:00-22:00（週三休）
05-2324-093

3

連醬都要吃到一滴不剩

嘉義肉圓

只賣一樣食物的老店就像馬拉松跑者，在長時間的練習裡專注把呼吸與節奏調整到最好，在與眾相同的動作下跑出自己的道。小攤車擺賣店口的嘉義肉圓，攤車上一爐是滾燙的油鍋，一爐則是隔水溫熱的柴魚湯，炸肉圓的尺寸大小很剛好，一顆足夠下午吃點心，不會飽到過份，卻也不會小到鳥毛，單純的竹筍肉餡，沒有其他不該的在裡面，皮兒軟卻有拉扯牙口的勁，剩餘米醬加進熱柴魚湯，慢慢喝，慢慢滿足。

4

臭臉老闆的三大絕活

嘉義冷凍芋

掛冷凍芋招牌的店在嘉義有兩家，嘉義人都知道要去哪家才是真老店——其實只要認明「臭臉老闆」就是了！臭臉老闆的表情總是嚴肅，不招呼客人也不帶笑容，但他煮的冷凍芋卻是一流，就連很普通的綠豆湯也粒粒分明、軟中帶彈（絕不是那種皮破流沙的下貨可比擬），就連薏仁湯也是全嘉義沒有之一的最好喝！臭臉老闆只賣三樣東西，但三樣卻都是絕招，因為太好吃了，所以臭臉也沒關係。

Shop info

嘉義冷凍芋

嘉義市西區民生北路67號
12:00-22:00
05-2233-247

5

沙嗲風厚醬火炭風味

阿伯烤玉米

有名的烤玉米老店在嘉義有兩家，一家是比較多人知道的阿婆烤玉米，但真心覺得正宗烤玉米愛好者，必定要嚐的是這家阿伯烤玉米！阿伯烤玉米至今仍用攤車形式經營，推著炭火爐在街邊烤玉米，沒有再多的輔助設備。阿伯的烤玉米不是常見的烤肉醬風味，數種醬料裹得厚厚一層，口味偏甜且有明顯的花生香氣，有點類似東南亞的沙嗲。一支40元左右，不像大城市還秤重賣，便宜好吃到流淚。

Shop info

阿伯烤玉米

嘉義市西區北榮街與新榮路口
15:00-21:00

6

最土氣的啤酒下午茶

文化夜市生炒螺肉

下午陸續出攤的文化夜市，在屈臣氏巷內有個專賣生炒螺肉的攤車，常見男女老少坐在街邊大啖、把不冰台啤喝得爽快的神情，第一次見到覺得實在神奇。嘉義的古味料理不少，從前常見的鱔魚、青蛙、蛇鱉等土氣食材，在這兒仍是相當常見，尤其炒螺肉的普及率最高，幾乎是家家熱炒店必供應。獨賣一味的生炒螺肉攤，用大量九層塔、辣椒、蒜頭快炒，螺肉爽脆不乾硬，濃厚鑊氣有薄荷般的清香竄出，味道很了得；最與眾不同是，邊上附的一碟黃醬汁，有著很複雜的清淡甜味（老闆不願透露一點點配方），完全不被重口味壓制的神奇佐料，有沒有霑的味道級數差很多。

到底什麼是螺肉？

螺肉完全不是海貝之類，它就是路邊常見的大蝸牛！所以必須處理到黏液完全洗淨才能食用。因螺肉有帶菌疑慮，必須完全熟透才行，炒不熟有危險，炒太熟則乾硬。

Shop info

文化夜市生炒螺肉

嘉義市西區文化路116號
（蘭井街轉彎處）

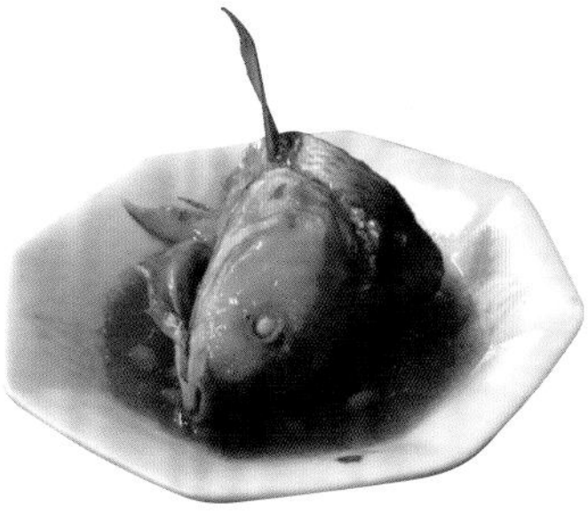

7

魯熟肉夜間部與運氣魚頭

中山路老店魯熟肉

在台南叫香腸熟肉的，在嘉義叫魯熟肉，馳名的「黑人魯熟肉」是吃下午茶，「東市場魯熟肉」則是吃午餐，但如果晚上想吃到的話，中山路老店魯熟肉可能是唯一的選擇。檯上擺滿各式好料，有炸類、滷類、浮水類，如：肉捲、粉腸、芋頭卷、天婦羅、豬腳、蝦餅、蟳粿等，最驚艷是一粒一碟的滷虱目魚頭，酸勁香氣強烈的五賢醋，掩去了虱目魚的土腥味，包回家當下酒菜也很棒！特別注意，滷虱目魚頭不是天天供應，三次撲空了兩次，能吃到算運氣很好。

Shop info

中山路老店魯熟肉

嘉義市東區中山路192號
17:30-22:45（週一休）

8

超融化的焦糖派東山鴨頭

嘉義鴨頭

嘉義鴨頭不是夜市的那種東山鴨頭攤，這裡沒有琳琅滿目的食材可選，供應的就只有與鴨子相關的：鴨頭、鴨腳、鴨翅、鴨腸、米血，不會有選擇困難，因為每種你都必須要點——就算你不想，但看到來買的都是10支、20支起跳在喊，你也會覺得怕、怕買不到！已經傳兩代的嘉義鴨頭，歷史估計超過50年，因為位置偏離市區，許多在地人也不太知，所賣鴨翅與鴨腳是一絕，滷到筋節軟化，外皮與醬汁焦糖膠融，啃食完全不費吹灰之力，而鴨頭與米血則回鍋炸過，前者皮香骨酥，後者彈齒有勁，一頓啃食下來，唇齒舌手並用，大肌肉、小肌肉都訓練到了。

Shop info

嘉義鴨頭

嘉義市吳鳳南路174號前
（信輝藥局對面）
18:00-00:00
小提醒：鴨腳與鴨翅八點前就會完售，趁早買好買滿較安心！

9

上山下海都能拿來炸

基隆廟口鹹酥雞

只有年紀輕輕的15年歷史，但基隆廟口鹹酥雞很值得嘉許，融合了台式炸物與日式天婦羅麵衣的多種「炸」技，加以嚴重引起選擇困難症的超多樣食材，從菜頭粿、豬血糕、皮蛋、三角骨到芙蓉豆腐，連新鮮香蕉與栗香南瓜都有，打破了你對鹽酥雞攤的既定印象。超推薦的「炸芙蓉豆腐」基本已經是一道完整小菜的等級，「花心銀絲卷」則是炸銀絲卷夾炸麵條，醬汁是邪惡的香濃花生醬，而特製的「韓式千層脆片」為三角生豆包佐韓式泡菜，加上超脆的細枝甜不辣當配菜，吃一口熱量爆表，但快樂的腦內啡卻瘋狂分泌著！

Shop info

基隆廟口鹹酥雞

嘉義市西區仁愛路520號
17:00-00:00
05-228-1972

HANKO 60

偽裝成戲院，西門町的隱藏系港台復古風酒吧

文字整理／好吃研究室 攝影／里昂紅

2016年開幕於西門町漢口街二段60號的HANKO 60，
由周靚與王凱蒂共同創辦，
一樓取法美國1920年代禁酒令的Speakeasy隱藏酒吧風格，
外觀仿似戲院票口，呈現著西門專屬的復古樣貌。
跟著時代轉變的西門町情調，會是什麼樣的味道呢？
翻開《如醉一回 如夢一齣 HANKO 60 調酒劇場》，
輕鬆飲讀每杯雞尾酒背後的故事與韻味。

走到西門町的漢口街二段60號，看見的不是酒吧，竟然是復古手寫感字體的「新聲大戲院」招牌，以及寫著放映時刻和票價的電影院售票口，旁邊還有兩幅手繪電影海報，你會以爲記錯地址了？難道這是間戲院？酒吧在哪裡？沒走錯，這裡是HANKO 60，一間以電影爲靈感起源，再把西式酒吧的元素，混玩濃厚的復古東方元素，提供饒富趣味、還嚐得到在地台灣味的雞尾酒酒吧！

創辦人之一的周靚從小在西門町的電影街長大，地緣關係選擇了西門町作爲創業的起點，而周靚的爺爺經營過「新聲大戲院」，酒吧門口的「新聲大戲院」名稱和造景，一方面是紀念他，一方面也走「店中店」的設計風格，不讓人一眼就看透酒吧，必須要隔一層關卡才能入內。

售票口牆上有個閃著紅光的圓形按鈕，手輕輕揮過，售票口就變成自動門般開啓。接著，就像以前看電影進入放映廳的感覺一樣，要撥開一層厚實的紅色絨布幔，才能進到裡頭。這種復古懷舊又帶點迷離神秘的氣息，給人一種回到老台北的感覺。

新書中兩位作者分享獨家酒譜之外，如何用靈感創意來調酒。

曾有客人問過，HANKO 60的性別？周靚認爲是女生，而且是紅色的。紅色很能代表HANKO 60，熱情、復古、溫暖、感性、女力的象徵…，更是讓人想回到舊時光的美好色彩。

紅色情迷，如醉如夢

穿過僞裝的大門和隱蔽的紅布幔進到HANKO 60，視覺豁然開朗，映入眼簾的，是在放滿整片酒瓶的牆面及用好幾萬個新台幣一塊錢堆疊出的長吧台上，四個手工扳拗的紅色霓虹燈大字「如醉如夢」；這幾個字是周靚的靈光乍現，形容著創業時別人是如何看待她們，也紀念當時兩人在香港，決定創業的回憶。

在昏黃燈光中，HANKO 60想呈現給客人的氛圍是一個充滿迷幻、復古的空間，希望來到這裡的人們都能像是搭了時光機，定格在那最有人情味的年代，沉浸在這團慵懶的融融霓光之中……。

周靚一直鍾情於香港的城市景致，雖然地狹人稠，但在步調快

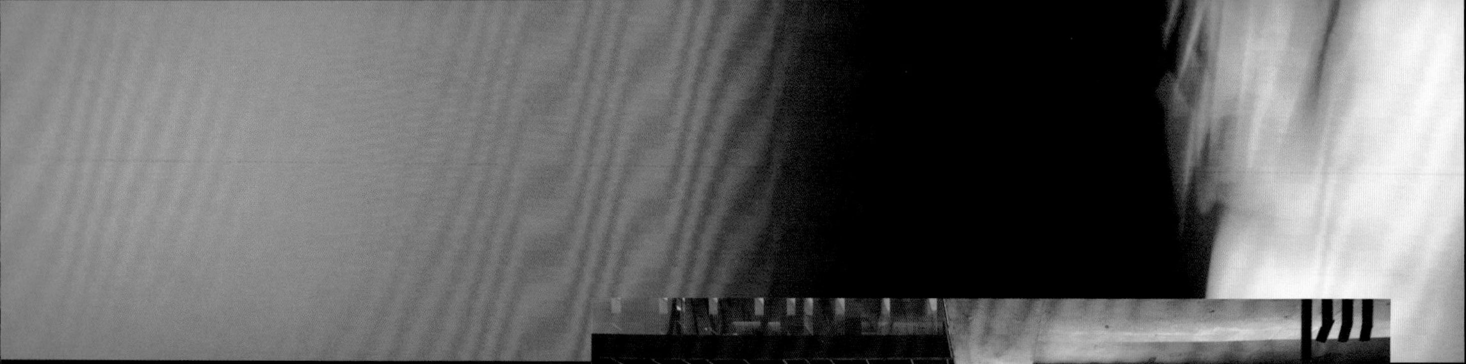

速又西化的城市節奏中，又保有中國傳統，像是寫著書法字體的大型霓虹招牌，就是香港奇觀之一。走在街頭，只要一抬頭，就看到又大又長的霓虹廣告，從高樓大廈垂直伸展到路面，一個緊挨著一個，形成極高密度的都市奇觀，視覺非常震撼。

手工霓虹燈管是典型的香港印象，然而隨著產業凋零，現在多數是用電焊方式，或以LED燈取代。周靚很想保留這樣很復古很老中國的溫度和情感，便將它在HANKO 60重現。

當時，製作霓虹燈管的師傅拿出了很多顏色，周靚的當下直覺，則是紅色！因爲一路上，HANKO 60已經累積了很多自己性格，也是爲什麼毫無猶豫地選擇了紅色系。很多酒吧、夜店以綠或藍色調呈現，但太現代也太有科技感，情感上沒辦法抽離。HANKO 60更想要回溯到老台北的美好，紅色最能呈現復古氣圍，也最有中國風格，同時給人最感性熱情的視覺感。

「如醉如夢」的手工霓虹燈管，字體有獨特的神韻，是HANKO 60的核心靈魂。在霓虹幻像的夜裡，來杯調酒短暫脫離現實，在品飲間如醉一場、如夢一齣，把酒言歡，且笑看人生。今晚來到這邊，不管如何都要如醉如夢，一起享受微醺的美好。

攝影／石吉弘

謝森山老師的手繪電影海報

HANKO 60以「新聲大戲院」為「幌子」，這裡雖然沒有放映電影，但佈景藏有巧思，特別是門口的兩幅電影海報，仔細看哦！這可不是印刷品，而是特別力邀國寶級電影看板手繪大師──謝森山，一筆一筆親自繪圖的，並且會不定期更換。像是情人節掛上《羅馬假期》，農曆七月放鬼片《咒怨》，聖誕節有《小鬼當家》、《精靈總動員》，春節期間就是賀歲片了，都是大家耳熟能詳的經典電影。

在台灣手繪電影看板，跟香港的手工藝霓虹燈一樣，幾乎是已經要失傳的技能。然而在早年還沒有電腦數位的年代，約莫是民國50幾年到80年左右，片商宣傳電影的最好方式，就是在戲院外掛上超大的巨幅看板，都是由擁有精湛畫功的畫師，用油漆顏料手繪而成。謝森山師傅就是其中一位。周靚小時候放學經過西門町電影街，還有這樣的光景，經常看到好幾位師傅在戲院門口的地板上，或趴坐或蹲著，趕工手繪下一個檔期的電影看板，長度延綿好幾公尺，非常有氣勢。

HANKO 60店外的老戲院電影看板，以及店內的霓虹燈招牌，共鳴呼應著，希望藉由客人的好奇心提問，可由此告訴大家這些背後的故事，以及如此了不得卻即將失傳的手工藝。

隨著台灣電影產業的數位化，費工費時的大型電影手繪看板已不復見。為了向記憶中的手繪電影看板致敬，周靚邀請目前還在作畫的謝森山師傅為HANKO 60定期繪製小幅的電影油畫海報。職人的畫工無比珍貴，每回周靚與謝老師溝通好想畫的素材後，幾天後就能臨摹出油畫風格的手繪畫作，光線的明暗層次與構圖立體感都非常講究，表情神韻更是栩栩如生。

謝老師為HANKO 60作畫已將近3年，畫過上百幅電影人物及海報。下回走進HANKO 60前，不妨先細細欣賞這些已難得一見的手工畫技！

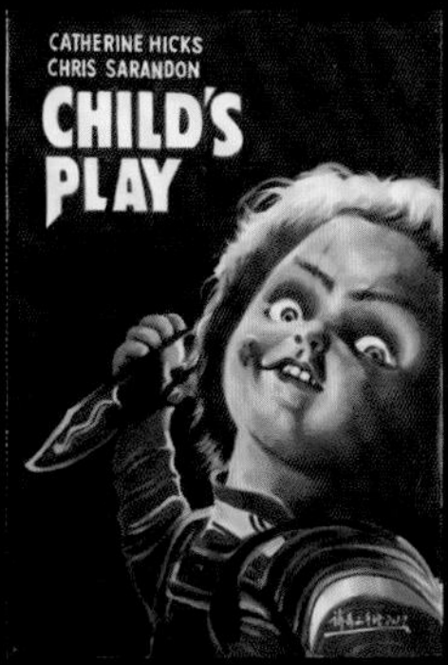

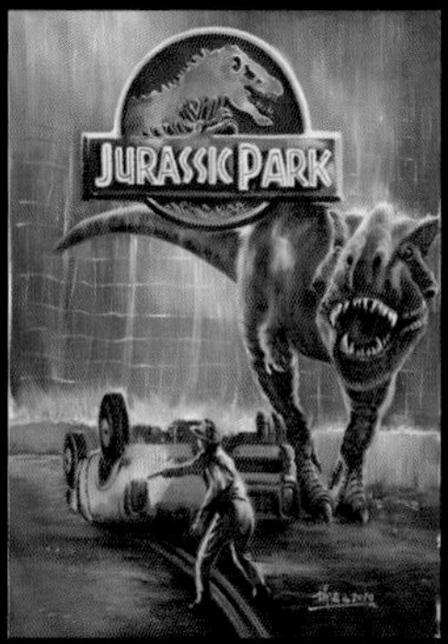

花東雙濱生活趣

美味踏尋
在山海水土之間

文、攝影／張淑貞

秋高氣爽的十一月，
我來到花東雙濱（花蓮豐濱、台東長濱），
慢走在週間少了人擠人的生活街道，
從小農早市到深夜食堂小酒館，
從在地醃漬物到法式餐廳，踏訪食材產地，
原來隱藏在山海水土之間，有這麼多在地美味。

走一趟雙濱，聽職人來說菜，體驗海景第一排、
田野間、山林裡各種舌尖上的驚喜！

花東雙濱（花蓮豐濱、台東長濱）相對是交通比較不便利的地區，沒有客運站，距離最近的玉里火車站也要40分鐘，正因爲如此，卻也成爲「養肺」的好地方，來此大口呼吸，探訪個性店家、在地美味，反而悠遊自在。

致力花東地區的教育和優質觀光發展，公益平台文化基金會董事長嚴長壽特別推薦，如果時間許可的話，不妨避開假日人潮，「花東眞的是天堂，選在春秋兩季來旅行反而最好」，雙濱過去限於交通不便，沒有過多開發，反而保有豐富的山景、海景與自然的生活元素，不是「觀光」旅行，而是「分享」生活，來與這塊美好的土地互動，學習與大自然相處。

東吳大學社會學系教授劉維公，也是「雙濱生活趣」的計畫主持人，推薦我們到長濱街早市去看看，「不只是市場，而是生活的街道」。長濱街位於台東縣長濱鄉，是條沿著台11線（花東海岸公路）上，長度約1100公尺的街道。

雙濱生活趣
Instagram：
binbin_travelfun

1. 長濱街上小農賣著自家種的菜。
2. 在地人的日常美味醃漬罐。

長濱街的日常從早市開始

司機大哥說：「我們長濱就只有一條街啦！」對，最熱鬧的長濱街上總結了所有生活機能需求，早餐店、魚店、肉攤、菜攤、超市、電器行、種苗店一應俱全，最特別的是一群人圍坐在一個菜攤旁，不像買菜反而像聊天，攤販大姐說：「大家每天都要來報到，我們一路從早聊到十一點多」，她的攤上除了蔬菜還有著我不曾看過的各式「醃漬罐」，有豬肉、魚腸、辣椒、酸筍，全都是部落媽媽巧手下的美味。

長濱的日常

街上慢慢走，會發現長濱街上第一家書店「書粥」，以顧店換宿方式經營，每週的店長都可能不一樣，就看看你有緣碰到哪一個？走累了，到長濱天主堂，體驗吳神父開創的腳底按摩足療自癒，舒筋活血。

吳神父足療自癒的創始地——長濱天主堂，成為腳底按摩熱門點。©台東製造

醃漬品化身美味亮點

稍早在早市看到的傳統醃漬品，來到「長光部落新希望廣場」風味餐廳，被轉化成餐桌上的新式美味。女主人巴奈說，不管人在哪裡，「伊娜」（泛指部落裡女性長輩）的醃漬品永遠是撫慰思鄉的味道，也因爲這份味道，呼喚著在外打拼的她以及年輕人陸續回鄉工作。

巴奈說，這些醃漬品不只是食物而是生活、文化的一部分，並非每個人都能做，有些人的手就是做不來，會讓成品壞掉或不好吃（編註：在部落裡，一雙會做發酵食的手是天命，他們總說，有些手做出來很香，有些手會讓食物壞掉，擁有這雙手，對部落婦女來說是很值得驕傲的事。）能製作一份美味醃漬品，背後有的是故事！

來部落並不是要大口吃醃漬品，而是透過食物了解當地的生活與文化，當醃漬品轉化成餐桌美食，發酵只是化龍點睛的亮點，這次我也看到了好些創意。

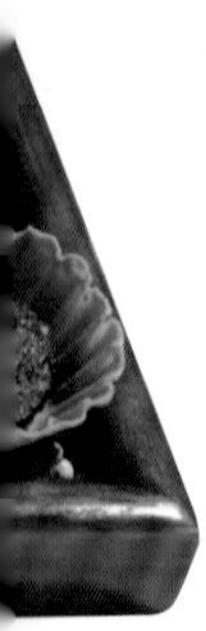

2

1

4

3

1. 酒釀沾醬味道特別。
2. 醃豬肉握壽司。
3. 野菜組成的六菜一湯。
4. 以醃漬飛魚肚、酸筍做成的新式義大利麵。

比方silaw醃生豬肉，在地人通常可以直接生吃，但一般人恐怕無法接受，便將它做成握壽司，上桌前烤一下，感覺頗特別。

原來的醃漬飛魚肚有一點海鮮腥味，酸筍則是酸酸鹹鹹的，不過加上蕃茄及辣椒，卻化身成爲一道新式義大利麵。還有當地的酒釀加上珠蔥切末和美乃滋，便成一款創意沾醬，可沾麵包、炸物，甚至直接吃也滿有味道的。

大部分的食材，都是直接從菜園或田野而來，有老人家才指認得出來的野菜，所謂「六菜一湯」，紫背菜、野生小苦瓜、翼豆、南瓜嫩心、龍葵等，只有鹽巴沒有蒜頭之類的爆香，還眞是頗原味！

©雙濱生活趣

法式料理本地食材，道道有驚喜

畫日風尚Sinasera24餐廳則是另一種餐桌風情，與其說用餐，不如說是享用食材所幻化的道道驚喜！

法式料理主廚楊柏偉的餐廳命名「Sinasera」，源自阿美族語的「大地」，「24」指稱二十四節氣。象徵餐廳以尊重天地萬物、配合自然時序的運行爲經營理念，採用在地食材，輔以法式料理手法，萃取山林野味，濃縮海洋鮮美，以最天然無負擔的美味料理，呈獻給愛美食愛土地的朋友。

這裡沒有菜單名，但食材都清清楚楚，盡量採用在地食材，小塔前菜是燉煮甜菜根、紅棗泥，灑在上面的粉末是帕馬火腿。茭白筍裹的米漿外皮，綠色沾醬是洛神葉汁。

還有一道爽口又令人印象深刻的冷盤組合，有著綠色爲底，白色如花的料理是什麼呢？原來綠色底是過山香大黃瓜凍，花是48小時熟成的鬼頭刀與飛魚奶油、上菜以煙燻鮪魚乾現刨細粉搭配食用。

秋天特有的栗子，配上豬肉與糖漬丁香魚，吃完還讓人回味「怎麼會這樣？」

澎湖中卷與堺橋白蝦雙鮮，中卷Q彈、堺橋白蝦鮮甜，配上炭烤時蔬及油醋丁香魚，視覺和口感絕佳。

透過餐廳，楊柏偉想傳達的是「將長濱大山大海的美好食材做最好的詮釋，讓世界因我的料理而看見長濱」，這是來自台北的他想爲長濱做的事。無菜單料理每道端上桌，服務人員都會特別解說，餐後每位客人會收到一份主廚簽名的專屬食材介紹與感謝函，這份貼心也正是他對長濱這塊土地的友善！

8

6

7

5

5.Sinasera24的前菜小塔以甜菜根為主。
6.過山香大黃瓜凍，搭配鬼頭刀與飛魚奶油、煙燻鮪魚乾現刨細粉製作的冷盤。
7.栗子配上豬肉與糖漬丁香魚。
8.澎湖中卷、堺橋白蝦雙鮮。
9.Sinasera24餐廳主廚楊柏偉：「長濱讓我有實驗在地食材的各種可能性，這是台北所無法擁有的。」

9

海景第一排的無菜單創意食尚

來到位於花蓮、台東交界的「巴歌浪船屋」，又是另一種風味體驗。阿美族的爸爸哈旺和兒子里艾共同經營的民宿和餐廳，離海僅50公尺，在海天一色美景的陪伴下，享用美食可說是一場五感饗宴。

「巴歌浪」（Pakelang）在阿美族語中是一種儀式「脫聖」，透過到海邊或溪邊捕魚過程，讓悲哀或歡樂付諸流水，回歸正常生活。

這裡提供的是無菜單料理，全看當天有什麼漁貨。開胃菜有苦茄，當地人稱之爲輪胎茄略苦，還有清蒸地瓜炸芋頭片以及蕃茄沙拉黑豆佐苦瓜葉。

視覺的焦點來到了海鮮生魚片拼盤，有鮭魚、旗魚、黃鰭鮪魚、軟絲、魚卵、秋葵。主廚親手在出海口捕撈的海菜蒸蛋，充滿海味的綿密。鹽烤午仔魚佐以刺蔥，一人享用，非常過癮。由小米和鹹豬肉做的A bai（註：音似阿拜，有點像原住民的粽子），吃巧也吃飽了。

1. 海鮮生魚片拼盤是一場五感饗宴。
2. 巴歌浪船屋的開胃菜：苦茄。
3. 原住民的A-bai，裡頭包有豬肉與小米（類似漢人的粽子）。

里艾和夥伴們，身份多重，是廚師、是漁夫、是獵人、也是歌手，在這塊土地上繼續昂首航行如同他們的船屋與餐廳。

小酒館、露營地、特製啤酒

長濱眞柄部落的阿美族語爲馬格拉海（Makerahay），意指不受雨水滋潤的乾涸大地，此乃源自於部落族人剛遷移到此地時，發現這裡的小溪遇雨即成滔滔濁流，雨停後又迅速恢復原來的乾涸，此種留不住雨水的特性恰似人所穿的雨衣，便以此爲名。眞柄部落居民百分之八十都是阿美族人。

新住民阿翔，來自台北，雖有阿美族太太卻從未到訪部落，直到五年前踏上這塊背山面海的土地，辭去科技業工作，發揮愛設計的天份，把貨櫃屋變成了有質感的工業風建築物「眞柄禾多露營區」，自己則從工程師變成農夫、餐廳老板、露營地主人，未來更夢想蓋自己的房舍。

小酒館裡有在地物產特調彩虹果汁，優質咖啡，特製啤酒及調

禾多小酒。© 台東製造

長濱的不尋常

長濱的金剛大道上出現了一群人，在力格運動健護中心創辦人KENNY甘思元教練帶領下做運動。非假日的金剛大道，人車稀少，才能擁有如此大尺度的運動場。在後有金剛山、前有太平洋，旁有稻田間所擁抱的土地上伸展手腳，真是非常奢侈的享受！KENNY指出，健身房是體能訓練的基地，大自然才是真正運動的場所。除了吃美食，現在也越來越多愛運動的朋友選擇走進大自然，以正確的運動方式，連結美好的土地與人文，讓旅行真正重回身心的健康與快樂。

© 台東製造

酒。因爲自己種米，阿翔除了經營眞柄部落的禾多小酒館外，也在新北市開設義式餐廳，將義式燉飯米以長濱米來結合，讓長濱米的好口感更爲人所知。

朋友聚餐，外燴美食也可以

來長濱旅行，如有外燴需求，也可洽「壹號倉工作坊」，主人吳鳳美自高中畢業後先是北上做餐飲工作，近年返鄉照顧母親，開設風味餐廳兼民宿，現在則是外燴達人，目前白天照顧老人供餐，如有外燴需求要提早預約喔。

獵人餐，體驗不用筷不用盤的原味

花蓮豐濱，位在台十一線旁海岸山脈上，有一群少少的布農族人居住在此，他們翻山越嶺從中央山脈搬到海岸山脈，與阿美族密切的生活在一起，成爲可下海且懂阿美文化的布農族。「高山森林基地」主人小馬指著山上遠遠的標的，說著族人遷移的故事，偶爾還對著山谷以布農族特有的八部合音調唱歌。

這餐不用筷不用盤，當一天的布農族。

1. 高山森林基地攀樹爬樹學猴子，具有挑戰性。
2. 石梯坪擁有經風力和海水雕刻而成的特殊岩岸風景，潮間帶有著豐富的自然生態資源。

豐濱的自然

喜歡山林的朋友，不妨參考「高山森林基地」提供的一系列森林生活體驗，比方找野豬、夜探森林、鑽木取火或循著族人足跡尋找勇氣石。徐堅璽具有心理師資格，現為基地心靈體驗規劃者，他説攀樹爬樹是「冒險治療」的一部分，運用繩索技術、手腳腦並用，從大樹的擁抱裡可以重新認識自己、建立自信。

喜歡海洋的朋友，就找「下鄉行動工作室」Candy談談，肯定大有收穫。Candy帶著我們在世界級的戶外地質教室石梯坪「乾潛」，在布滿壺穴、海蝕溝的珊瑚礁間穿梭，觀察各種地形。她的專長是水上獨木舟、潛水，各種海上活動都可以獲得量身訂製的服務。

以姑婆芋當餐盤，有吃完沒吃完都好處理。

「高山森林基地」主人小馬，指著遠遠的山，說著族人遷徙的故事。

大部分的布農族人都移住海邊，他們仍住在山裡，林裡的農獵是最熟悉的生活。來到基地，除了可以在大自然遊戲外，還可以體驗不用筷不用盤的獵人餐。

小馬示範獵人餐，以姑婆芋當餐盤，野菜與肉的湯汁濾過再放入，加上飯與根莖食物，以手當筷，食用完連同葉片一起丟棄，若沒吃完，將葉片包一包揹上竹籃下一餐再吃。

美感民宿，像家一樣的泊與食

長濱眞柄部落裡有一家知名民宿「余水知歡」，民宿名字取自「余然水得、知性歡樂」，崁入主人余湘之名，背後有一段小故事。原名「眞柄老舍」的民宿主人想賣掉民宿退休，嚴長壽先生得知，詢問原本是台東人的廣告界名人余湘，於是在2012年7月，余湘成爲民宿新主人，委由公益平台基金會接手經營，民宿的管家則由返鄉計畫中的青年擔任。

民宿改裝時，特地將木棧往外鋪設，意在客人可以多接觸戶外，走進自然。現任管家巧雲說，很多客人來此，會脫掉鞋子，走在草地甚至馬路上，這是來到部落特有的放鬆與沉靜氛圍。巧雲過去也離開部落到他鄉工作，甚至遠赴國外打工，走遍千山萬水一直在尋找心中的藍天，最後才發現，原來藍天在故鄉。

民宿建築體以清水模爲基礎，內裝多以木作及金屬搭配，從一樓的小書房到二樓客房前的小陽台，放置各式各樣滿滿的書籍，在各個角落都有令人驚喜的布置。

空間裡處處可見鮮花，巧雲說這都是跟「伊娜」學來的隨意美學。客廳裡大把的太陽麻直接投放，採自田裡的綠肥；餐桌上的扶桑、青葙，地上的姑婆芋、角落椅邊的九重葛，全是來自花園與田間，美感一派自然。

民宿提供早餐，有稀飯、麵包、饅頭等主食，還有當地農民栽種的蔬菜、水果、豆漿、咖啡，烹調簡單，但豐盛飽足，最重要是在美好的環境與布置下用餐，令人身心皆滿足。

1. 沈靜的角落美學一景。
2. 餐桌上，陪伴美味早餐的是陽光與大片田野。

國產大豆物語 舌尖上的美味密碼

文、圖／台灣好食材

新鮮，是食材的美味關鍵！
相較於歷經長途船運、曠日費時抵達臺灣的進口大豆，
國產大豆的食物里程短，
樸實中帶著臺灣土地獨有的香氣及鮮甜。
跟著農夫、大豆料理達人及營養師，
品嘗新鮮飽滿的豆仁，一探國產大豆的美味密碼！

吃魚要急凍現撈，吃蔬果要當季鮮採、產地直送，「那麼，富含蛋白質、有『植物肉』之稱的黃豆、黑豆，為何捨近（國產）求遠（進口）？而且可能是進口基改大豆及相關豆製品呢。」中都農業生產合作社馬事安理事主席帶著淺淺笑容，提出疑問。

據統計，日本每人每年吃掉6公斤大豆，臺灣每人每年吃掉10公斤大豆，而我國每年進口250萬公噸的大豆，其中99％是進口基因改造大豆。為了把大豆飲食文化的根重新種回臺灣土地，農委會農糧署近年推動「大糧倉計畫」，鼓勵農民水稻田轉種黃豆、黑豆等雜糧，增加糧食自給率，並活化休耕地、也達到省水改善地層下陷問題。

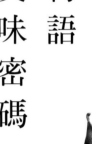

臺灣人每年吃掉10公斤大豆，每年進口約250萬公噸，
其中99%是基因改造大豆，
臺灣法令禁止栽種基改作物，國產大豆全是非基改。

國產黃豆與黑豆 活性好，更鮮甜

馬聿安解釋：「臺灣法令禁止栽種基改作物，國產大豆皆是非基因改造。就像新鮮根莖類特別鮮甜，新鮮的國產黃豆、黑豆，含水率約12－13%（國外進口約9%），活性好、易發芽，香氣及鮮甜度高，含鈣量也更高！」

他以加拿大進口的基改黃豆爲例：5月播種，10月、11月採收季時進入冬日，冰天雪地運送不易，故多放入儲存塔，待翌年春天再運至港口，待收貨商收購後再等待船運，有時送抵臺灣已是採收後兩年了。而爲了長途運送及長期儲存，也有使用添加物的風險。

馬聿安強調：「育種目的，更是另一大差異。」西方沒有食用大豆的飲食傳統，進口基改大豆育種目的不是給人享用，而是作爲飼料及榨油，因此油脂含量較高。「華人及臺灣社會有豐富的大豆飲食文化，我們育種的目的是爲了更鮮甜的滋味，因此，碳水化合物比例高一些。」

目前，國產黃豆以高雄選10號爲市場大宗，做成豆漿、豆花、豆腐等豆製品；國產黑豆依種皮顏色，分成青仁黑豆、黃仁黑豆。黃仁黑豆較大顆、主要做蔭油醬油；青仁黑豆以臺南3號爲主，較小顆，適合做黑豆茶、黑豆酒、入料理。

輕鬆蒸炒烤 國產大豆的美味日常

在彰農米糧媽媽黃楷芸眼裡，國產黃豆、青仁／黃仁黑豆新鮮安全，原豆甘甜、方便入菜。她笑著說：「傳統有『見黑就補』的食補概念，做月子時公婆用黑豆酒幫我補身，認爲黑豆酒顧筋骨呢。」

不同於西方的食豆飲食文化，本土黃、黑豆品種也有差異。

黃楷芸推薦 大豆的3種基本處理法

方法1｜浸泡後電鍋蒸煮

放冰箱浸泡一夜，較易煮熟軟。如何判別豆子吸飽水分？可搓開種皮、剝開豆子看斷面，子葉中心點呈現深色表示尚未吸飽水，斷面皆同一色澤即代表充分吸水。之後，以電鍋蒸煮，開關跳起後可再續燜1小時。放涼後入密封盒，冰箱冷凍約可保存1個月，冷藏約保鮮2-3天。

方法2｜小火乾鍋焙炒

豆子清洗後用電扇吹乾表面，炒鍋焙炒至豆子在鍋內跳舞、發出嗶啵聲，香氣溢出即可熄火。將豆子放涼、入密封罐，常溫乾燥約可保存1個月。

方法3｜烤箱烤豆子

放入烤箱烤約4-10分鐘，飄出豆香味，或聽到細微嗶啵嗶啵豆子裂開的聲音後，再灑鹽或喜愛的調味料。酥脆的烤豆子是追劇的營養零食，也是絕佳的下酒菜。

黃豆×黑豆保存食便利料理

蒸煮、焙炒或烤過的國產黃豆與黑豆，是入菜的常備好食材。彭楷芸建議：

3道黃豆料理

電鍋蒸煮後分成三等份，一份用果汁機打成不濾渣豆漿（早餐）；一份做涼拌黃豆（午餐）；一份做黃豆海帶芽湯（晚餐），輕鬆搞定三餐日常。

3道黑豆料理

黑豆焙炒後，一匙黑豆與十穀米打漿做營養早餐；一匙黑豆加熱開水燜泡，即是暖身清香黑豆茶；電鍋煮黑豆雞湯，兩匙炒焙黑豆與雞腿、薑片、枸杞，即是美味養生湯品。

營養師破解　網傳關於大豆的5大迷思

資訊爆炸的年代，真假訊息充斥，讓人一知半解，甚至被誤導飲食觀念。終結網路謠言，請營養師張益堯來解答！究竟：罹患乳癌、痛風，可以吃豆製品嗎？看黃豆肚臍真的就可分辨基改黃豆？

1
乳癌別吃豆製品？

張益堯解釋，早期用雌激素改善更年期不適，但後來發現易造成乳癌。大豆異黃酮是類雌激素，但不是真的雌激素，研究發現適量補充，1天1杯豆漿，可降低乳癌風險。但若是保健產品單位濃度較高，則較可能有過量問題。

2
痛風不能吃豆製品？

痛風是血液中的尿酸過高，多喝水可以幫助尿酸代謝。近年研究發現，海鮮、肉類、酒是引發痛風的主要原因，大豆雖是高普林，並不會造成痛風。健康狀況下吃豆製品不會造成痛風，但若是急性痛風時仍要避免食用。

3
菠菜與豆製品一起吃會結石嗎？

張益堯解釋，菠菜屬於高草酸食材、添加凝固劑食用石膏（硫酸鈣）的豆製品是高鈣食材，一起煮成菠菜豆腐湯，在腸道時就結合成草酸鈣結石，經糞便排出。兩者一起食用，還可避免草酸和血液中的血鈣結合造成結石呢！

4
基改黃豆＝品種改良的黃豆？

基改黃豆是轉殖了抗除草劑或抗病蟲害等基因體，而傳統育種是運用選種及交配，保留好的特質，類似優生學概念，兩者並不相同。

5
基改vs.非基改看豆臍？

黃豆肚臍是黑色的就是基改豆？別再以訛傳訛了，因為豆臍顏色無法判斷是否是基改黃豆，那只是品種的特性而已！最好方式是選擇具產銷履歷或有機驗證等可溯源、驗明正身的產品，或是選擇國產黃豆、黑豆，也能確保是非基改作物。

說好了，今天來玩辛香料！

文／馮翔瑜　攝影／王正毅

「如果他今天對你特別好，先別懷疑他不忠，也許只是因為你吃了肉桂。」

出軌的人生，與香料的命定

自古以來，人們相信肉桂可以催情，它獨特且溫暖的氣味能撫慰身心、改善人際關係。錫蘭肉桂香氣輕柔，宛如仙氣凜凜的女子，肉桂捲、印度奶茶都是她的舞台；中國肉桂嗆辣、韻味十足，就像自信狐媚的女子，也是華人五香粉和滷味裡的主角，可令肉質軟化且不膩口，若二者併用可取其一輕一沉，提升風味層次。

研究香料的陳愛玲，以擬人化的觀點重新詮釋香料密碼，並且將辛香料拆解成「辛料、香料、調味料」三大類，讓香料更容易跨界運用、讓信手捻來的靈感更有跡可循。

馬來西亞檳城人，當地的多元族群與香料飲食的日常性，香料氣味早已植入陳愛玲的靈魂DNA，然而熟悉不代表理解，研究香料的路，竟源自一個出軌的人生。

陳愛玲在馬來西亞擁有律師執照，二十多年前因爲婚姻移居來台灣，由於法系不同，別說律師，連大學學歷也不被承認，人生出了軌，一切打掉重練！相較於馬來西亞，台灣的飲食清淡、香料用得少，寂寥的味蕾加重對家鄉食物的思念。在東南亞烹煮咖哩很方便，想做什麼菜只要告訴市場裡的香料店老闆，就會幫你調配專屬香料，但在台灣該如何複製記憶中的味道？她決定啓程，回到家鄉尋找味道的根。這條路從家鄉展開、擴及東南亞鄰國，她看見相似香料的不同組成方式，了解到原來味道跟著文化走：每個地區可歸納出風味核心元素，背後包含了移民遷徙與地方風土。爲了深入探究辛香料，數度前往印度學習；或是去中國取經華人運用香料的精髓、到義大利感受香草特性。她回憶著：「與其說是在不同地區學料理，這更像解密遊戲。」

「辛香料不單是增添風味，這些天然植物對身體有益，也能改善食物質地，用香料不是要蓋過食物原味，而是輔助。」回到台灣後，她思索如何讓香料融入在地飲食，逐漸領悟到香料可以被分類，依據各自脾性、功能與角色，引入各式菜餚裡，她更結構出菜餚風味圖，讓閱讀食譜有了新的角度。爲了推廣理念必須站上實作講台，十指不沾陽春水的她，從切百斤蘿蔔開始練刀工、混進港點廚房裡洗碗偷學炸工，經歷三次叩門終於取得中餐乙級認證。

陳愛玲看見相似香料的不同組成方式，了解到原來味道跟著文化走。每個地區可歸納出風味核心元素，背後包含了移民遷徙與地方風土。

我與愛玲老師就是在她的料理課堂結識，她做的菜層次豐富、味道和諧，記得一道南印度小卷咖哩，集合鮮香酸辣甜鹹，各種味道在食道間垂直展開、彼此合作不搶戲。她形容香蘭是東南亞的情人，讓我看見她的浪漫。我也曾看她就著一張白紙開始書寫洋洋灑灑的食譜，她回應我的驚訝說：「當你理解菜餚背後的飲食文化、認識香料特性，設計食譜其實很好玩！」她的新書《辛香料風味學》中有兩道讀者迴響很高的食譜「藥膳茶葉蛋」與「酸梅湯」，便是在傳統風味的基礎下，運用香料堆疊增加飽和度，不偏離原有食物特色，又能創造出令人眼睛爲之一亮的感受。做法簡單，請試試看！

| FLAVOR MAP |

藥膳茶葉蛋

茶葉也是一種香料，這款茶葉蛋在基底茶湯之上，以辛香料的清香與滲透性賦予蛋內香氣，以藥膳香料引入食療、增添東方風味、結構表層香氣與色澤，邀港式糖水常客「桑寄生」做隱味，成品清香不膩、尤其蛋黃順口不卡喉。

一般材料

阿薩姆茶葉1/2杯
水4又1/2杯
醬油1杯
冰糖40克
生蛋10顆

辛香料

中國肉桂6公分
茴香子1/4茶匙
月桂葉2片
花椒1/2茶匙
丁香4顆
八角1中顆
辣椒1小根

藥膳香料

桑寄生11克
當歸半根
熟地1小片
甘草4片
川芎2片
白芷2片

| PLUS |

酸梅湯

以烏梅、洛神、山楂等傳統材料為基礎，加入酸梅、羅望子增加不同層次的酸香氣味，再納入東南亞人清熱消暑的秘訣「斑蘭葉」，其滋味甜美隱隱散發輕柔香氣，成品味道圓潤、生津止渴。

一般材料

烏梅125克
洛神15克
黑棗50克
山楂40克
無籽酸梅25克
水5000毫升
冰糖600克
海鹽1/2茶匙

辛香料

羅望子塊30克
甘草15克
陳皮20克
斑蘭葉6-7根

作法

1. 將羅望子塊泡水軟化後捏散。
2. 把水燒開，放入冰糖以外的所有材料，用小火熬40分鐘。
3. 加入冰糖與海鹽攪拌均勻，關火後靜置待涼、過濾。
4. 飲用時，可依照喜歡的比例兑水或加冰塊。

| READ MORE |

《辛香料風味學：辛料、香料、調味料！圖解香氣搭配的全方位應用指南》

作法

1. 起鍋，放入4又1/2杯水，加入阿薩姆茶葉，開火煮沸。
2. 過濾茶葉，取茶湯，加入醬油、冰糖、辛香料、藥膳香料，放入生蛋，以中小火煮7分鐘。
3. 靜置待涼，備用。
4. 將蛋敲出裂痕，泡入醬汁中，冷藏隔天吃。

藥膳茶葉蛋風味圖

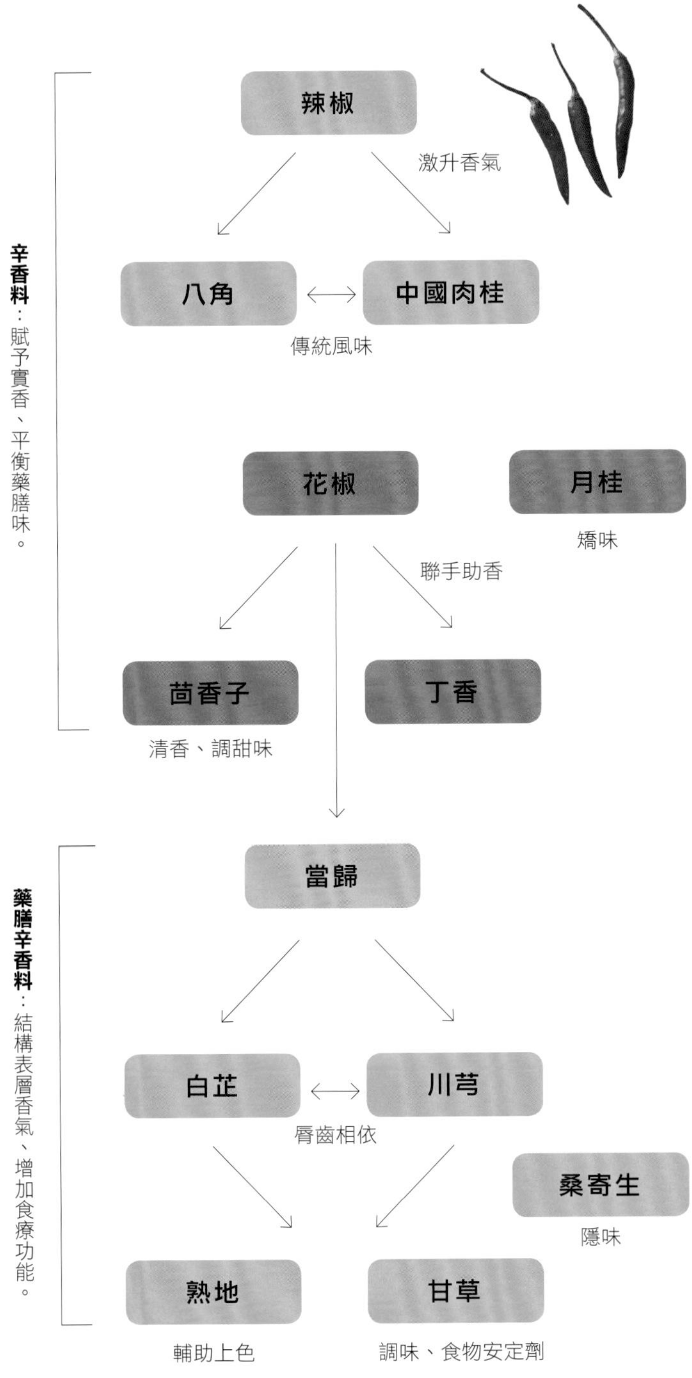

怦然心動的麵包料理

Lesson 3

《 シュトレン 》

12月裡想要的好東西

Columnist

德永久美子

橫濱市人氣麵包店『德多朗麵包店』Backerei TOKTARO主理人，身兼麵包店老闆、三個孩子母親，料理研究家等多重角色，料理經驗逾30年。擅長麵包與料理的搭配，常把平凡的食材組合出令人驚喜的味道。此專欄希望能帶給讀者更多風味上的想像與靈感，挑幾樣感興趣的，跟著做就對了！台灣翻譯作品有《愛上做麵包》（2002）、《麵包料理；77種令人怦然心動的麵包吃法！》（2014）。

翻譯／王雪雯　採訪協力／陸莉莉

「每到1月媽媽總是看起來好忙，但空氣中一直飄散著的史多倫香氣，卻也讓我的心情跟著開朗起來。」我聽著孩子們帶著自豪的口氣這麼說著。當時，店鋪的二樓就是我們的住家，可能還眞的總是被香氣給包圍著。

三個孩子轉眼都長大，回家的時間分散，有時從運動社團回到家的孩子已疲憊不堪，不過他們似乎都很期待12月的史多倫。

我自前年開始使用不會造成身體負擔的斯貝爾特小麥（Triticum spelta），動手爲忙碌的他們製作自家味史多倫，以添加了果乾與堅果等的巨大史多倫，作爲他們回家後的佐茶小點。

聽說即使在德國，自製史多倫的媽媽也越來越少了，我希望能推廣，讓依照家人喜好製作自家味的史多倫習慣更爲普及。

史多倫是德多朗開店以來即持續推出的重要商品。未來，我仍想秉持這個想法繼續維持下去。

在麵包店最繁忙的12月，只要找到空檔，我就會想著先做些東西起來備用，或者用大鍋備料燉煮出滿滿一鍋湯。在此向台灣讀者介紹幾道適合搭配麵包的料理，順手準備相當方便，請務必嘗試看看！

三種抹醬，常備且百搭歐式麵包

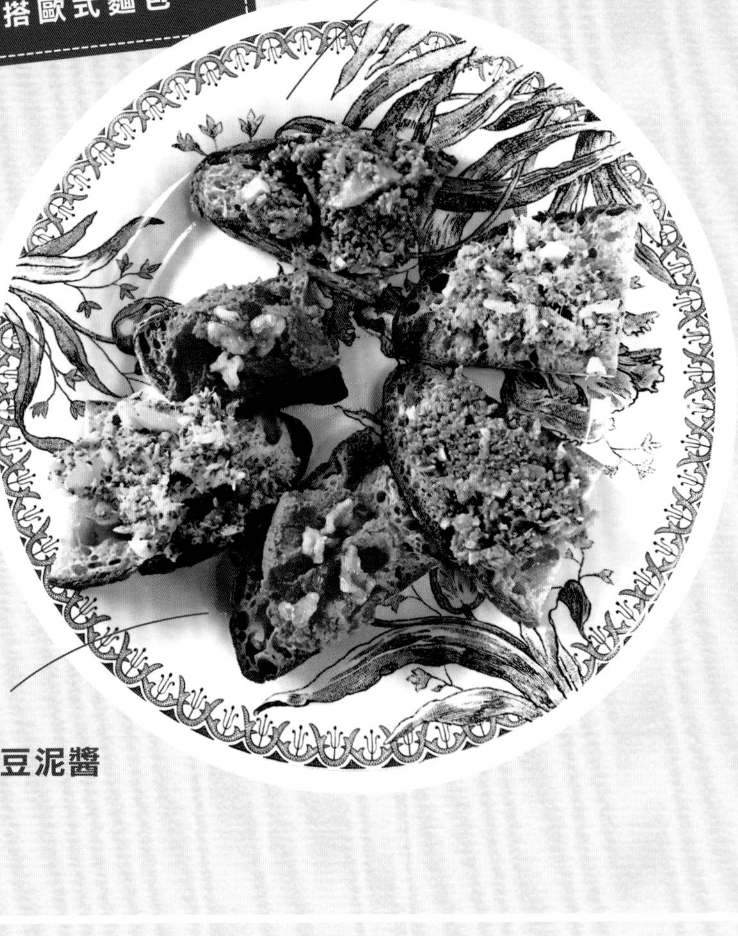

A 菇菇抹醬

B 綠花椰抹醬

C 甜菜根鷹嘴豆泥醬

A

菇菇抹醬

請務必加蘑菇與香菇，以食物調理機打碎，搭配烤得酥脆的麵包，或者和剛煮好熱騰騰的飯一起上桌！淋上幾滴醬油一同享用也很美味，甚至也可以和麵包一起當伴手禮。

材料：

- 蘑菇 1盒
- 香菇 1盒
- 任何喜好的菇類
  以上共計 500g
- 蒜頭 2-3瓣 切丁
- 橄欖油 1/2杯
- 油漬鯷魚（魚片）50g
- 乾辣椒 1～2根
- 鹽 適量

作法：

❶ 蒜頭與手撕對半的乾辣椒、橄欖油一起放入平底鍋以小火拌炒。
❷ 飄出香氣後放入菇類拌炒，待菇類出水變軟後，將油漬鯷魚連浸泡的油一起放入。邊炒邊以木杓按壓，碾碎鯷魚肉。
❸ 若鹹味不足可添加少許鹽巴即完成。

B

綠花椰抹醬

除了可抹上切薄片的歐式麵包享用外，還有許多其他的搭配法。像是抹到吐司等三明治用的麵包上，再夾入分成兩半的水煮蛋、義大利薩拉米、火腿等，我常拿來做成孩子們的便當。

綠花椰因為營養豐富，因此我只要看到新鮮漂亮的花椰菜就會買回家。剛燙好（當然沾上少許鹹味）即使只淋上橄欖油也很好吃，但身為一個媽媽的我總是想著，可以用什麼來取代美生菜去夾到三明治裡呢？找到後有種莫名的安心感。給年幼孩子吃的話可以酌減辣椒用量。

材料：

- 綠花椰 2朵
  分成小朵
- 蒜頭 3～4瓣 切丁
- 橄欖油 5大匙
- 乾辣椒 1～2根
- 油漬鯷魚 50g
- 鹽適量

作法：

❶ 將綠花椰放入加了鹽巴的熱水中煮軟，讓綠花椰沾上少許鹹味。
❷ 煮綠花椰期間將蒜頭與手撕對半的辣椒、橄欖油一起放入平底鍋小火拌炒。
❸ 於步驟❷的平底鍋中加入步驟❶的綠花椰，並將油漬鯷魚連浸泡的油一起放入，拌炒至全部材料軟爛入味為止。

Point

油漬鯷魚加熱後很容易就可以慢慢拌碎，也可以事先切碎。若鹹味不足可以添加少許鹽巴。

C

甜菜根鷹嘴豆泥醬

到舊金山旅行時造訪了TARTINE BAKERY，晚上隨便點了一道甜菜根鷹嘴豆泥醬，可愛的外觀一直在心中揮之不去。雖然不知道它究竟用了哪些材料，但就是令人一整個舒服的味道。最近市面上很容易買到加熱過的真空包裝甜菜根，也很好吃，拿來做這道鷹嘴豆泥醬再適合不過。

敲開核桃殼，稍微用平底鍋烘烤過後，淋上少許蜂蜜、橄欖油搭配享用也是絕品！

材料：

- 鷹嘴豆（水煮）200g
  切丁狀
- 甜菜根（水煮）100g
- 白芝麻糊 30g
- 蒜頭 1瓣
- 檸檬汁 1大匙
- 橄欖油 2大匙
- 鹽近1小匙

也可依個人喜好
添加辣椒粉及香草等

作法：

❶ 先將蒜頭放入食物調理機打碎。
❷ 接著依序加入鷹嘴豆、甜菜根、白芝麻糊、檸檬汁、橄欖油後打碎。
❸ 從調理機取出，試味道再酌量添加鹽巴，並以橡皮刮刀拌勻。香料與香草類也可以於此階段添加即完成。

1

羅宋湯

總以為羅宋湯是12月專屬的美食，沒想到其實是道日常生活就能簡單完成的料多甜美湯品。
只要有水煮牛腱肉，就能馬上上桌！

水煮牛腱肉

先以煮開的熱水清燙1kg牛腱肉（約2～3分鐘）以除去牛肉的雜味及浮渣。馬上放到冷水中清洗乾淨。接著放入壓力鍋，添加蓋過牛腱肉的水量及2大匙鹽，蓋上鍋蓋。加熱至發出咻咻聲（達到加壓狀態）後再以小火加熱約20分鐘，並直接放涼。

可冷藏保存4～5天，冷凍時將肉與湯分開可保存1個月。

煮成羅宋湯

材料

A
- 洋蔥 1顆 切薄片
- 甜菜根（水煮）2個（200g左右）切細條狀
- 紅蘿蔔 1根 切細條狀
- 高麗菜 4片 切細條狀
- 西洋芹 1根 切細條狀
- 馬鈴薯（May queen）2小顆 切細條狀

- 奶油
- 番茄罐頭 1/2罐
- 牛腱肉（水煮））1/2量 手撕成絲狀
- 煮牛腱高湯＋水成為 1.5公升
- 蒜頭1瓣 磨泥
- 鹽 2小匙（視味道調整）
- 酸奶油 適量
- 蒔蘿 適量

作法：

❶ 熱鍋（用較厚的鍋）並融化奶油後加入A的蔬菜以中火拌炒，整體炒軟後蓋上鍋蓋燜煮。
❷ 加入牛腱、煮牛腱湯、番茄罐頭，續以小火燉煮30分鐘。
❸ 以鹽、蒜泥調味。
❹ 盛上餐盤後放上酸奶油、細切蒔蘿。

Point

料多、營養豐富且顏色惹人愛。
可讓開心指數與元氣暴增的一道湯品，最後加入的蒜泥也是一大重點！

用奶油炒過格外好吃。
使用家裡常有的蔬菜製作，而奶油和番茄是絕配。
高中時，好朋友的爸爸（混血兒）曾告訴我羅宋湯相當於俄羅斯的味噌湯，自此以來我便對羅宋湯產生了親近感。

第二天可以淋到飯上享用也美味。

2

冬天的紅蘿蔔沙拉

是道常備在家中會令人莫名開心的料理。

我平常做的紅蘿蔔沙拉會是添加檸檬或洋蔥沙拉醬的口味。前幾天孩子們的爸爸做的紅蘿蔔沙拉，完全襯托出紅蘿蔔的甜味，是非常舒服的滋味，怎麼吃都不膩！

稍微擠去水分和水煮鮪魚肉一起夾入法國麵包享用也相當好吃。紅蘿蔔沙拉整年都能吃，實在很棒！

材料：

- 紅蘿蔔 中型2根（350g左右）
- 蘇丹娜（Sultana）葡萄乾 2大匙 若較硬可稍微泡軟後再使用
- 喜好的堅果30g切成粗粒

A
- 鹽 1/2小匙
- 紅酒醋 1大匙
- 橄欖油（味道較不強烈者）3大匙
- 黃蔗糖 1小匙

作法：

❶ 削去紅蘿蔔皮後用刨絲器刨成細絲。不使用菜刀切絲，而使用刨絲器或刨起司器使其表面粗糙可幫助入味。
❷ 於鋼盆中放入步驟❶的紅蘿蔔與A的調味料，用手抓搓以幫助入味至變軟。
❸ 加入葡萄乾與堅果，再次用手拌勻即完成。

3

製作混合香料

只要天一冷，不管家裡或店裡我都會準備這個綜合香料，因為用途繁多，最近還會拿來撒在巧克力冰淇淋上，這是我非常喜愛的比例，史多倫、紅酒果醬、香料熱紅酒等都可以使用，或拌入餅乾麵糰、搭配烤蘋果等，甚至放入漂亮的瓶子裡送人也很棒。

材料：

- 肉桂粉 5
- 薑粉 3
- 小豆蔻 3
- 丁香粉 2
- 肉豆蔻 1

依照上述比例加入瓶中混合均勻後保存。

4

我家烤雞

先從泡入浸泡液開始，浸泡液的比例須依全雞的重量稍作調整，但第一次可以先用這個比例試試，也可以使用3根雞腿做。放在周圍一起烤的地瓜也異常美味！

事前準備
醃製2公斤以下的全雞

❶ 用清水洗淨全雞內部，若仍殘留內臟需取出。
❷ 瀝乾水分。
❸ 將全雞放入夾鏈袋或大塑膠袋內。
❹ 水400cc、砂糖4小匙、鹽4小匙。
❺ 把❹放入鋼盆中拌融後放入❸的夾鏈袋中，讓全雞完全泡在浸泡液中後擠出空氣。
❻ 進冷藏庫放置1～2天。

Point

1. 可將切片蒜頭或巴西利的莖等一起放入❹浸泡。
2. 將空氣完全擠出有助於讓僅有的少量浸泡液確實泡到整隻雞。
3. 若覺得味道不足可搭配香甜的巴薩米克醋和好吃的鹽巴一起享用。

圖一

Point

地瓜可選用安納芋及紫芋等。

烘烤

❶ 從冷藏取出後瀝去水分並用廚房紙巾擦乾（自冷藏取出於室溫放置30分鐘後烘烤為佳）。
❷ 將食材塞入全雞肚子裡：使用洛代夫等的麵包和菇類，拌入少許橄欖油或加入炊飯等（若炊飯曾冰過則在塞入前先稍微微波加溫）。
❸ 用約70cm長的棉線綁緊。
❹ 將烤箱預熱至230度後，以180度烘烤95分鐘。中途於其周圍放入淋上橄欖油的地瓜與整粒的蒜頭、鹽、迷迭香等。（圖一）
❺ 完成。

6

紅酒果醬

材料：（4瓶左右份量）

- 新鮮無花果、洋梨、紅玉蘋果、柳橙等共600g，切成2cm見方塊狀
- 紅酒（紅色較鮮紅者）600g
- 洗雙糖或細砂糖 360g
- 果醬用果膠 25g
- 檸檬汁 1顆份
- 今天做的果醬中添加了1小匙的綜合香料

作法：

❶ 鍋中加入切塊的水果與紅酒後加熱，煮沸後續在沸騰狀態加熱7～8分鐘。

❷ 將一半砂糖拌入果膠中後加入步驟❶的鍋中拌匀，待融化後再加入剩下的砂糖且拌匀，小火續煮10分鐘。

❸ 加入香料與檸檬汁，稍微攪拌後即可熄火。

❹ 趁熱裝瓶並蓋上蓋子，倒置並放涼。

雖然過去不曾在做果醬時添加果膠，但不知為何突然想吃夾入水嫩富彈性果醬的麵包，於是才著手試做。一開始做西洋李，後來是紅酒與無花果等，想像如果加入果乾似乎也很適合。

5

一人份熱紅酒

材料：

- 紅酒 200cc
- 黃蔗糖 2大匙
- 橘子 1/2顆
- 綜合香料 2搓

作法：

於小鍋中加入紅酒、黃蔗糖，及擠乾後直接丟入的橘子、綜合香料，完全沸騰後續加熱1～2分鐘後即完成。請趁熱享用。

どうやって作るの？

『斯貝爾特小麥史多倫』

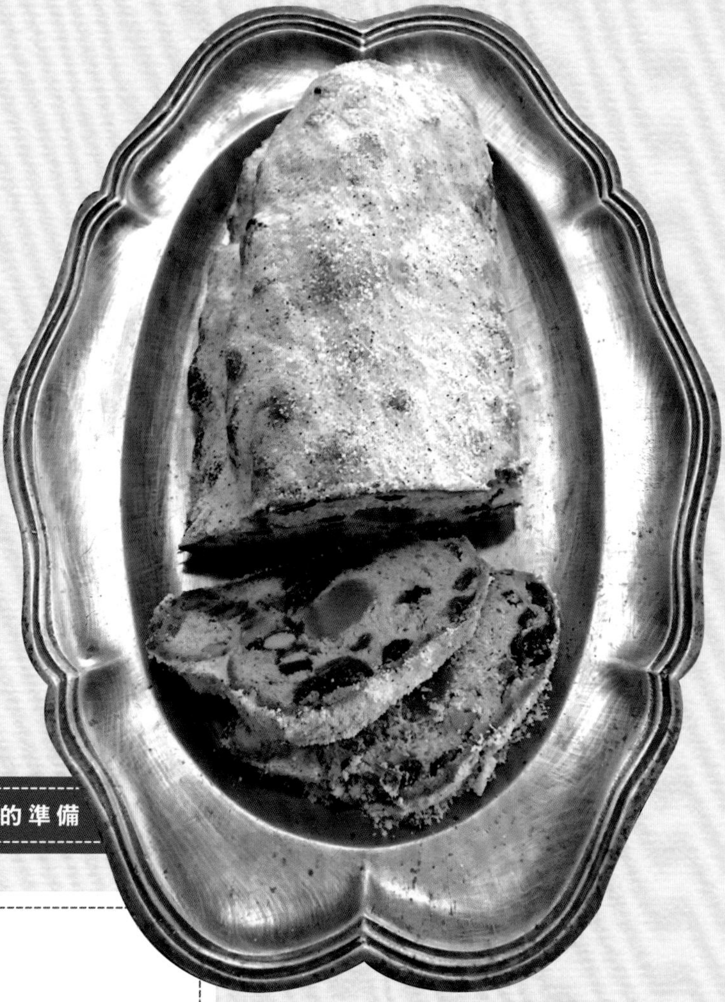

前一天：水果乾的準備

材料

- 葡萄乾100g
- 土耳其產無花果乾50g（切成比葡萄乾大的顆粒狀）
- 糖漬柳橙丁50g
- 蘭姆酒1大匙
- 波特酒（紅）1大匙
- 綜合香料 2小匙（以肉桂粉5、薑 3、小豆蔻3、丁香粉2、肉豆蔻1比例調配）
- 整顆杏仁粒50g 以180度烘烤8分鐘放涼後切粗粒

德永久美子的貼心提醒

☑ 製作前先想像「想要做出什麼樣的史多倫？」是做出好吃史多倫的一大訣竅。

☑ 酒漬果乾雖然也很重要，但「麵團製作」才是首要！史多倫品嘗的重點是麵團。

☑ 果乾的組合雖可自由選擇，但仍要想像以做成德國風味為目標最佳！

其他需要準備的材料

- 斯貝爾特小麥粉
- 速發乾酵母
  （若使用燕子牌
  請選用高糖版）
- 甜菜糖
- 鮮奶
- 蛋黃
- 檸檬
- 鹽
- 奶油（有鹽及無鹽）
- 小豆蔻粉
- 肉豆蔻粉
- 杏仁膏

製作中種

材料A

- 斯貝爾特小麥粉　80g
- 速發乾酵母（若使用燕子牌請選用高糖版）6g

以上二者攪拌均勻

- 鮮奶 70g

❶ 將鮮奶放進馬克杯等用微波爐加熱數秒。
❷ 移至大鋼盆中，以手確定約為體溫程度後再加入剩餘材料A，並以手拌勻。黏在手上的麵糊可用刮板刮下。
❸ 在鋼盆中按揉麵團20次左右，攪拌成團後放置20～30分鐘使其發酵。
❹ 麵團成形時最佳溫度為27～30度。

等待中種發酵時的準備工作

❶ 把打算揉進麵團的奶油，無鹽奶油90g，切片後放到保鮮膜上攤開。
❷ 準備烘烤完成後需使用的奶油－無鹽奶油60g、有鹽奶油70g ，放入鍋中。
❸ 蛋黃 1顆。
❹ 檸檬皮 1顆的份量。
❺ 秤粉。

材料B

- 斯貝爾特小麥粉150g
- 甜菜糖 45g
- 鹽 3g
- 小豆蔻粉 1小匙
- 肉豆蔻粉 1/2小匙

把材料先拌和備用（史多倫麵團中原則上不添加肉桂）。

揉和

1 中種麵團發酵完成後再於鋼盆中加入所有材料B的粉類與檸檬皮，並以刮板切拌。

2 加入奶油、蛋黃，一開始先以刮板切拌開，再用手如攪拌器般混拌所有材料，成團後即可取出放置於工作檯操作。

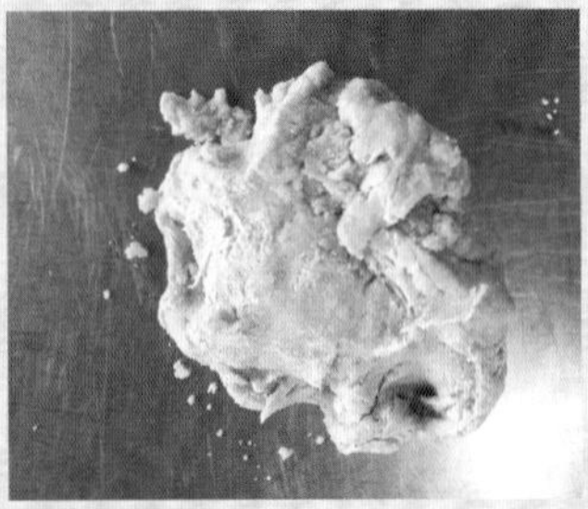

3 放置鬆弛5分鐘，有助於拌入果乾。

加入果乾

4 攤開麵團，放上浸泡過的果乾與杏仁後折疊，重複動作兩次。

5 以拇指稍微揉和麵團，揉勻材料。

6 再次放回鋼盆並發酵約30分鐘。

整型

7 準備100g的杏仁膏，稍微將杏仁膏揉軟，並整型成和史多倫一樣長的長條狀。

8 取出鋼盆中的麵團，用手稍微整型（所謂整型不只是調整形狀，包含將果乾包入並將麵團轉成好操作的方向），以擀麵棍輕輕擀成厚於1.5cm的厚度。

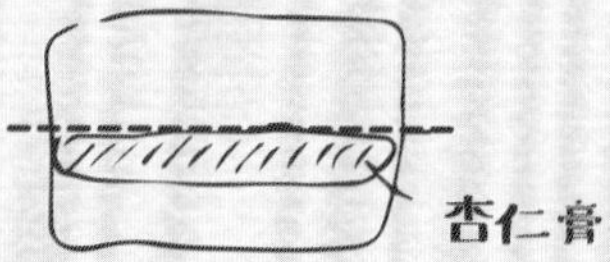

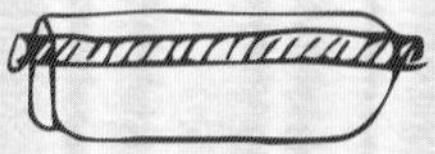

用手或擀麵棍將麵團對折按到黏合

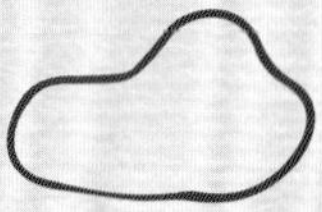

從側面看

9 放上烤盤，做最後發酵約15～20分鐘，為避免麵團乾燥請蓋上保鮮膜或濕布。烤箱預熱至180度。

Point

斯貝爾特小麥粉與一般麵粉揉和的次數完全不同！若使用一般麵粉需要多揉幾次，將整體全部混拌完成，並讓麵團拉開時會呈現撕裂狀態即完成。

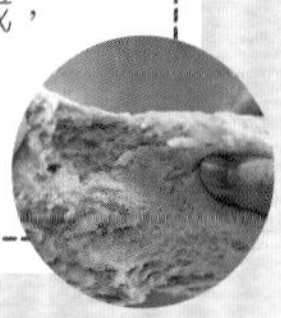

烘烤

以180度烘烤40分鐘，烘烤約20分鐘後調頭。不論烤箱大小，每台烤箱溫度不盡相同，平常生活料理或烘焙甜點時，抓到每台烤箱的特性再做適時調整，是成功做出美味甜點的不二法門。

10 趁烘烤時著手融化放入小鍋備用的奶油，另，刷上奶油時溫度至少要達50度以上。請戴上塑膠手套，可避免麵包翻面時燙傷，將史多倫正反面都刷上滿滿的奶油液。

11 待史多倫不燙手後即可用手抹上香料糖粉，請在大料理盆上操作
（香料糖粉比例為80g甜菜糖搭配1小匙綜合香料）。

12 在網架上放到完全冷卻後即可以保鮮膜等包裝，一開始先放到溫度低的地方保存為佳，食用時可視需要再撒上糖粉。

Point

1. 依序裹上「奶油→糖」是為避免內部酸敗的重要步驟。放置約一周左右整體風味即融合。

2. 史多倫容易斷裂且體積龐大，請小心操作，再移上網架放涼。

「樸實的外型，美好的滋味」，正是我想追求的。

Introduction of Interesting Plates Used for Curry

小吃大餐第二十七回

有趣的咖哩皿

朋友們總笑說，只要談到咖哩飯，我的雙眼就發亮。源自印度的咖哩到了日本，風味與種類的變化實在太多，以至於每回我去日本旅行，除了打探有趣的喫茶店，也四處尋覓好吃的咖哩飯。日本各地店家的咖哩飯容器不盡相同。形體上除了一般淺盤，還有一種橢圓如船型的咖哩碗最讓我印象深刻。這種食器在日本稱為咖哩皿（カレー皿）或義大利麵皿（パスタ皿），被食器商歸類在洋食器。其中又以兩側多了附耳，形體帶著濃濃昭和復古風格的白瓷咖哩皿，特別吸引我。

大阪純喫茶「American」店內提供的牛肉咖哩飯，採用的就是我最喜歡的白瓷咖哩皿，兩側多了附耳，帶著濃濃昭和復古風格。

這種瓷質的咖哩皿，到日本金澤這古城，有了變化。這裡除了21世紀美術館、兼六園、和傳統工藝，最出名的就是「金澤咖哩」。直到去了當地，我這個愛吃咖哩的外國人才搞清楚，「金澤咖哩」這四字並非某店名，而是形容當地已存在三十年以上、某種約定俗成的咖哩形式。雖然起源衆說紛紜，不過可以確定的是，從這裡發跡的每間咖哩品牌，都以金澤咖哩來強調自己的風格，像是兩大巨頭Gogo Curry和Champion Curry，以及Kitchen Yuki、Turban Curry、Gold Curry 等等。這些店家在自家官網列出了金澤咖哩的幾項特色，包括：熬煮濃厚的深色醬汁，放上高麗菜絲、配菜完全蓋住白飯表面的擺盤，以叉子取代湯匙，使用不鏽鋼製的咖哩皿裝盛。商標是一隻大金剛的Gogo Curry，甚至在官網販售咖哩皿和叉子。這種不鏽鋼咖哩皿由於深度夠，有不易溢出的優點，我在金澤的雜貨店一看見，就入手帶回台灣研究。

有趣的是，這種備受當地咖哩業者青睞、輪廓橢圓的不鏽鋼咖哩皿，也被日本海上自衛隊採用，簡稱「海自咖哩皿」（海自カレー皿）。百年前日本師法英國海軍制度成立海軍，同時也帶回咖哩與燉牛肉這些洋食。今日翻開日本海軍1908年發行的《海軍烹飪術參考書》，裡面記載著當年咖哩飯的作法。時至今日，每週五固定吃咖哩餐仍是日本海軍部隊公開的機密，透過味覺讓每天面對海上一成不變、或海面下不見天日的潛艇船員，知道日子的變化。2014年日本海上自衛隊在橫須賀基地舉辦第2屆「護衛艦咖哩決定賽」（護衛艦カレーグランプリ），集結十個部隊的廚師比拼，由參加活動的民衆投票決選最美味的海軍咖哩。那年最後由「橫須賀潛水艦部隊」奪冠。

不鏽鋼製的咖哩皿，在咖哩起源地印度很常見。許多印度菜餐廳都可見到一只稱爲「Thali」的淺碟大金屬圓盤，中間放著主食香飯或大餅，周圍圍繞多個小碗，盛著各種咖哩汁、蔬菜、優格、醬汁以及醃漬物，這些大圓盤和小碗多半使用不鏽鋼製。我在印度的《The Economic Times》日報英文網站上讀到，印度人受宗教的影響，對於餐具的潔淨非常重視，甚至喝酒前會檢查杯子的底部。因此這種容易檢查有無殘留油漬、比黃銅更容易維護的不鏽鋼餐具，在二十世紀引進印度後，便受到衆多印度家庭的熱烈喜愛。早年印度家庭的金權皆由男主人掌控，女人沒有銀行帳戶。不過買餐具這種小事，男人多半不干涉。這時貿易商發現了印度服飾中高級紗麗的價值，用以物易物的方式，不用金錢就能拿紗麗換取餐具，吸引了許多婦女拿著家中舊衣服，換回這種「永遠像銀一樣閃閃發亮」的食器。

話題回到日式咖哩中，我鍾愛的那種昭和風、兩側有附耳的白瓷咖哩皿，旅行中見到幾次後越覺得眼熟，這才想起家裏有個台灣俗稱「腰子碗」的瓷碗公，外型不就是這個模樣！我家裡的腰子碗是在古物店買的，平常捨不得用，現在唯獨吃咖哩時才會被拿出來。爲何日式咖哩皿和台菜的腰子碗如此相似，原因我還在找。兩者的差別只在於腰子碗上的彩繪，台灣的腰子碗常用來盛裝湯汁或勾芡的菜餚，早年人們要吃到大魚大蝦委實不易，碗內多半會畫上大魚或大蝦，象徵富貴。是二十世紀傳統台灣食器的民藝文化特色之一。

位於台北市信義路、光復路口的「寅樂屋」，老闆高振御長年專事於咖啡，前後設計過幾間出色的咖啡店，對日本咖哩飯也很鍾情的他，幾年前開了這間咖哩飯專賣店，就成了我的愛店。店裡的咖哩容器乍看和日本常見咖哩皿相似，盛上美味白飯和滿滿的咖哩醬汁，最後再放上一顆日本人俗稱「目玉燒」的太陽蛋。咖哩飯一上桌，就像坐在日本當地的咖哩店，原汁原味。某次和高老闆閒聊，從他口中得知，這店裡的咖哩瓷碗，並非來自日本，而是德國，推論原本應是用來裝盛熱湯之類的菜餚。由於形體和日本咖哩皿相似，做工也精緻，便被他蒐購回來。而台灣老闆用德國瓷碗賣日式咖哩，也是一種有趣的飲食文化折衷表現。

金沢咖哩專用皿

金沢當地的咖哩特色，把配菜和咖哩蓋滿白飯上，跟日本其他地方的咖哩業者，不讓咖哩醬蓋住米飯的方式不同。除此，海上自衛隊也使用此種不鏽鋼食器。

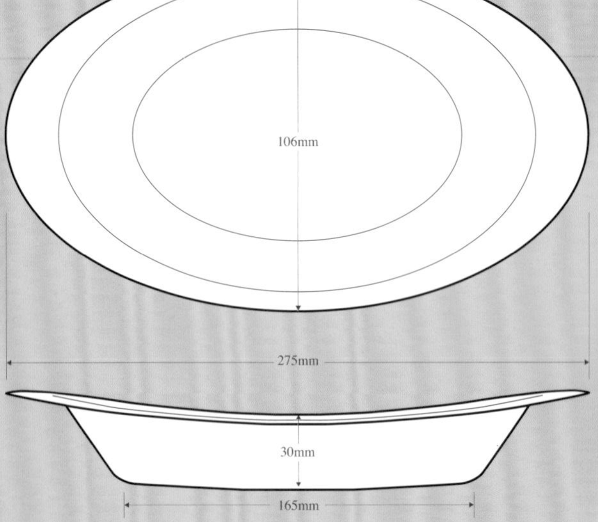

台北寅樂屋
德製咖哩皿

高老闆為了重現在日本吃到的美味咖哩，獨自專研出香料配方，並且買來德國製類似的西式深盤裝盛。

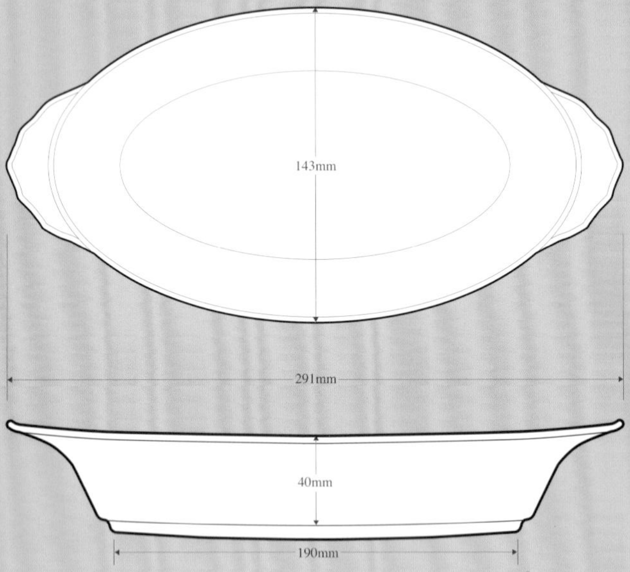

傳統台菜腰子碗

台灣料理常見的腰子碗。造型輪廓或深度皆與日本常見的白磁咖哩皿非常相似，因此被我拿來當作在家吃咖哩的專用食器。

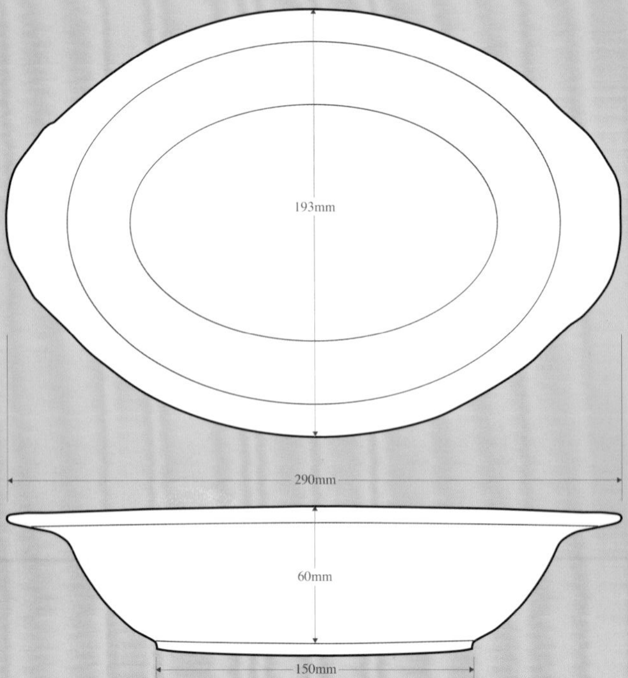

Hally Chen

長年專事唱片美術設計，熱衷左手做設計執畫筆、右手拿相機寫文章，同時以兩種眼光看待生活日常。著有《遙遠的冰果室》、《人情咖啡店》、《喫茶萬歲》。

山海樓炒米粉

Story 10.

米食裡的祝福

Blessed with Rice

古早味米粉，鑊氣與濕度的終極平衡

我的媽媽及外婆都不太做炒米粉，使得我不太知道標準的古早味炒米粉滋味。漸長，每每有機會吃到好吃的炒米粉，我一定牢牢記住那味道，希望能在家中重現。對我來說，炒米粉跟炒飯一樣，都是看似不經意、要做得好卻不容易的料理。

坊間炒米粉要不是濕糊帶水、要不就是過乾難嚥，難度在於讓米粉保濕的同時，又要不失鑊氣。過程中要添高湯，同時又得讓水分蒸發，聽起來像是以子之矛、攻子之盾，矛盾難解，強人所難。

偏偏就是有大廚能左右逢源、得心應

columnist **游惠玲**

曾任《商業周刊》〈alive生活專刊〉資深撰述，現為不自由的自由工作者、十分滿足的媽媽。從小就愛吃飯，視「認真煮一鍋好飯」為生命之必要，從米食裡品嘗四季遞嬗、人情故事與生活的美好。 FB：水方子廚房手記

photographer **李俊賢**

用影像和文字書寫，想豐富自己和別人的生命經驗。曾在報紙、旅遊雜誌、電視擔任採編、攝影。近年漫步攝影「教與學」的幽徑上。現為台藝大通識教育中心「現代攝影力」課程講師、眷村保存與紀錄人。 部落格：空城記。憶

手，高手在民間，三重集美國小附近的北海漁村餐廳，是飲食文化研究者徐仲推薦的。外觀低調不張揚、內裡卻總鬧熱滿座，是在地饕客的心頭小館，得提早預約才有機會入席。

上桌的炒米粉，透著熱度，一嘗，是火的香氣！米粉乾爽不掛湯汁、內裡卻仍保濕，香菇、蝦米的氣味助攻，越嚼越有滋味，好吃！同桌友人喊著：「我要拿回去給我阿嬤吃，這跟她炒的古早味米粉很像。」友人的阿嬤是武林高手，不僅出過食譜，她的兒子還是台菜界名廚，朋友的味蕾是家學淵源的養成，我於是對這盤炒米粉更加肅然起敬。

鑊氣，是人類對火的依戀，我們基因裡藏著對「梅納反應」的崇拜，對於炙熱高溫所帶出的「火氣」，我們無招架之力。粵菜尤其講究鑊氣，香港朗廷酒店中餐行政總廚鄺偉強在接受《港澳米其林指南》採訪時，說明了「鑊氣的原理」：「與西方烹調技術大不相同，鑊氣只能在異常高的火溫中產生。背後道理是這樣的：食材水分暴沸，讓油脂氧化，並引起梅納反應（Maillard reactions），食材在高溫中翻炒，水分蒸發掉，食材表面留下一層淡淡焦物及焦味。」

如何炒出一盤鑊氣濕度兼備的炒米粉？爲此，我去請教米其林一星台菜餐廳「山海樓」主廚蔡瑞郎，他領我們到廚房一探究竟，標準中式快速爐、圓底中華炒鍋，快速爐能瞬間達到高溫、中華炒鍋有助於食材均勻受熱，鑊氣祕密在此。

下米粉之後，捨鍋鏟，改以長筷將米粉撥勻撥鬆。

炒米粉是山海乾物香氣的集合體，米粉本身的味道淡美、口感細雅，透過配菜佐料給予精氣神。主廚教我，前頭煸炒香菇乾、蝦米、澎湖石鮔（章魚家族成員）時火候要輕緩，細煸才能還原出經時間濃縮的乾貨風味。當香氣迸發到位也到味時，炒杓會透露答案，主廚拿起空杓、朝我鼻尖送來，一聞就忍不住驚嘆，「哇！好香呀。」乾物香氣都聚集在杓子上了，香馥馥濃烈烈，沁入心脾，引人垂涎。

蔡主廚繼續交代，山海樓用的是純米米粉，少了玉米澱粉的韌性撐腰，比一般炊粉來得柔軟易斷，因此，前置泡水的時間就不能太長，15分鐘就好。米粉入鍋後，就準備下高湯，用量在精不在多、也不能多，但品質一定要上乘。數顆北海道干貝蒸烹之後，湯汁透鮮清美，謹記入鍋的水量得控制得有節有度，最終成品的濕度才能恰到好處。

入高湯續翻炒，此時要拿出長筷，以免鍋杓一不小心就切斷米粉，撥撥弄弄，讓米粉吸附高湯。接下來又是關鍵，只見主廚拿出一只透明玻璃鍋蓋，

二話不說蓋上米粉，漫漫蒸氣瞬間瀰漫其間，熄火蒸燜爲的是讓米粉更濕潤入味。

此刻以爲可以上桌了，沒想到主廚又把炒鍋擱回快速爐上，急火旺燒，米粉、蔬菜、配料隨主廚手勢在鍋中跳躍，正當薄薄一層米粉微微黏在鍋底時，淋圈鍋邊烏醋，離火盛盤，一氣呵成。

這才明白，原來炒米粉要好吃有味，並不是加足馬力一路旺火到底。前頭慍火釀出味道，中段入湯求得濕潤，最後要還它火氣。爲此，還有兩件事必須遵守，一是前置作業要確實，該先泡發的、該先切到大小一致的、該先備好的調味料，一樣都不能偷懶，才不會措手不及。再來，嚴禁一次炒太多量，主廚說，廚房的最高指導原則是，一鍋最多只炒兩份，寧可多開幾口爐、多幾位師傅快炒，也不能破壞原則。

回家後，我按部就班、按表操課，如此上桌的米粉透著鬆細孔洞，內裡沁煙，粉身柔潤、配料噴香，蔬菜脆而多汁。趁熱吃，隱隱鑊氣、微微燙口。這炒米粉總是好相處，可豐可儉，小食宜人，宴客澎湃，大人小孩都愛。而且，炒米粉跟義大利人的義大利麵一樣，都是「我媽炒的最好吃」，對啦！我是希望兒子皮蛋這樣想沒錯。

山海樓主廚傳授的炒米粉

這份食譜是蔡瑞郎主廚版本的炒米粉，我在家中重製。家庭瓦斯爐的火力不似快速爐來得強大，但使用中華炒鍋，依然可以炒出鬆香又有濕度的米粉，最後那把旺火很重要，催生出鑊氣香。炒米粉的食材一向是豐儉由人，喜歡的就加進來，不喜歡的就移除。多炒幾次，就能鍊出自家味。

材料

純米米粉（泡水約15分鐘後取出）、澎湖石鮔（泡發切丁）、香菇乾（泡發切絲）、蝦乾（泡發切丁）、高麗菜（切片）、紅蘿蔔（切絲）、芹菜（切珠）、五花肉（切絲）、洋蔥（切絲）、蒜苗（切絲）、油蔥酥、高湯（干貝或雞高湯）

調味料

醬油、醬油膏、紅蔥油、胡椒粉、糖、烏醋

作法

壹. 各種食材備妥（很重要，炒米粉必須一氣呵成。）

貳. 熱鍋入油，迅速將蝦乾及石鮔丁爆香後撈起，備用。

參. 用鍋中的油續煸炒香菇絲、五花肉絲及洋蔥絲，炒至香氣散出。

肆. 再入高麗菜、紅蘿蔔、芹菜珠、蒜苗等蔬菜續炒，蔬菜軟化之後，加入油蔥酥（注意在蔬菜軟化前，不要加入高湯。）

伍. 以醬油、醬油膏、胡椒粉及少許糖調味，翻炒均勻。

陸. 下米粉，加入高湯，改以長筷翻拌均勻。熄火，淋入紅蔥油，加蓋燜個3分鐘，讓米粉更加軟Q入味。

柒. 開蓋，用筷子撥鬆米粉，轉大火炒香米粉，淋上鍋邊醋，即可盛盤（此時鍋底有一點點蘸黏米粉是正確的。）

EATING WHILE TRAVELING

旅行中的食物

vol.7

京都╳日式煎蛋三明治

一口咬下軟腴香濃的朝氣

BOARDING PASS

TPE
TAIPEI

KIX
osaka

Date
OCT 20

To
京都

Food
日式煎蛋三明治

Columnist
徐銘志

自由撰稿人，曾任職於《商業周刊》、《今周刊》、年代電視台等媒體。作品散見於《GQ》、「端傳媒」、《經濟日報》、《好吃》、《小日子》、《華航機上雜誌》、《香港01》等。對於生活風格著墨甚多，著有《私・京都100選》、《日本踩上癮》、《小慢：慢活・詠物・品好茶》（採訪撰稿）、《暖食餐桌，在我家：110道中西日式料理簡單上桌，今天也要好好吃飯》。網站：www.ericintravel.com

煎蛋三明治配上生菜、一杯咖啡，堪稱完美。

「やまもと喫茶」有陽光充足、面對馬路的特等席。

在千年古都京都的名物當中，這項算是風格獨特的。有著洋風的外貌及名稱，初次造訪的旅人在時光流轉的古寺、小巷、懷石料理中穿梭，壓根不太會把它擺進先發名單當中。「你吃過『蛋三明治』？」日本友人的提問，似乎把這當成京都熟稔與否的考題，彷彿若能說上幾家蛋三明治的經驗談，旅人的眼光便不再那麼的膚淺。

不鑽研則以，一深入，才發現京都蛋三明治的世界可謂百花齊放，令人眼花繚亂。初期還以爲蛋三明治就是幾家名店而已，不過，知名的日文月刊雜誌竟出現京都蛋三明治的小專欄，印象中至少已有數年之久。從中便可以知道，京都的蛋三明治已是一方天地。

依附著咖啡店而生的蛋三明治，並未成爲一家店的主角（至少至今仍未見到蛋三明治的專賣店），卻又是京都咖啡店不可或缺的必要。說來也奇怪，蛋三明治的主

「やまもと喫茶」對外特等席到了春天，便能欣賞到白川的櫻花。

老式的喫茶店，都還用著手寫點帳單，人情味濃。

要食材，僅僅日式煎蛋與白土司，卻在每一家咖啡店總是長得各異其趣。有的加番茄醬、有的加小黃瓜；有的三角形、有的長方形；更別說，煎蛋的厚薄程度不一了。

從沒想過，我竟然也開始在京都追起了蛋三明治。最初、也是最常造訪的是位於祇園白川畔的「やまもと喫茶」（Yamamoto Kichya），原因很簡單，這裡比起其他的咖啡店早開門營業。我常七點多便坐在店裡悠哉地享用一份蛋三明治和黑咖啡套餐。

這裡的蛋三明治是兩片切邊吐司夾著日式煎蛋，最後再對角斜切成四等份。吐司塗上了美乃滋，在煎蛋與吐司之間還擺了小黃瓜薄片。裝在有一圈黃色的白圓盤內，那黃色除了與煎蛋的黃相互呼應外，也給人濃濃的朝氣感。用上兩顆蛋的這份蛋三明治，吃起來大小適中，不用兩三口就能吃完一片，軟滑的蛋與柔軟的吐司相得益彰。

洋風卻有著濃厚歷史感的空間。

「喫茶マドラグ」的蛋三明治一手也難掌握。

滿足之餘，也是有驚喜的。春日之際，やまもと喫茶面對的白川，櫻花正盛，雖然地處市中心，卻人煙稀少。坐在店內僅有兩個面對外頭的「特等席」，邊吃蛋三明治，邊賞櫻花，何等幸福！

另一家「喫茶マドラグ」（Kichya Madoragu）則是名店中的名店，十點半開店前，店外總是大排長龍。我曾造訪三次，才終於得其門而入。整體風格而言，這是家流露著濃濃古味的咖啡店，昏黃的燈光、老式低矮的椅子，店內還貼著花樣年華、春光乍現的海報，洋食和咖啡是這裡的招牌。據說，目前店主是從一家以蛋三明治聞名的咖啡老店「コロナ」（Korono）傳承下來的。曾經的經典，隨著老師傳退休後而在江湖消失匿跡，而後又傳奇的重回市場，自然造成不小話題。

比起京都其他的蛋三明治，喫茶マドラグ的可稱之巨無霸版。同樣四塊三角形，中間的煎蛋用上了四顆雞蛋，已比單片吐司的厚度厚上四倍。什麼概念？一手拿起來，

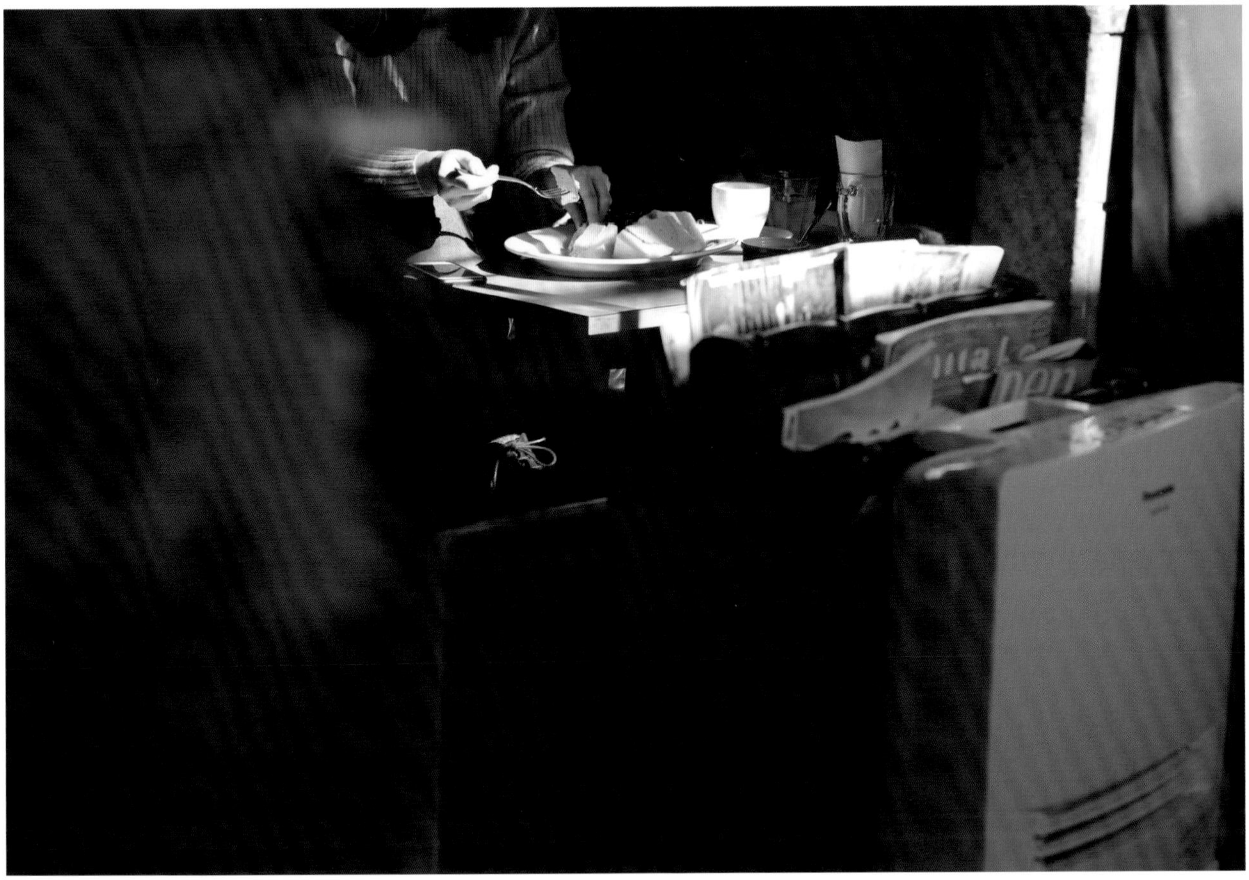

一杯咖啡、一份煎蛋三明治，在「喫茶マドラグ」就是一段悠閒時光。

要一口咬下就連我一個大男生也相當吃力。不少男生，吃了兩塊就喊飽。不過，這裡的蛋三明治果真魅力不凡，一邊吐司抹上番茄醬，另一邊抹上了芥末醬，增添滑潤與味道變化；煎蛋則有種鬆軟的空氣感，是店主特別在蛋液當中加了牛奶才有的效果。

兩家店，已是兩種截然不同的蛋三明治，同樣的，是讓人感到幸福的味蕾大滿足。京都的蛋三明治，要說上三天三夜也不一定說的完。不妨在你的京都旅行中，替它留一個位置吧。

やまもと喫茶
電話：+81-75-531-0109

喫茶マドラグ
電話：+81-75-744-0067
網站：madrague.info

發行人 何飛鵬
總經理 李淑霞
社 長 張淑貞
出 版 城邦文化事業股份有限公司 麥浩斯出版
地 址 104台北市民生東路二段141號8樓
電 話 02-2500-7578
傳 眞 02-2500-1915
購書專線 0800-020-299

發 行 英屬蓋曼群島商家庭傳媒股份有限公司城邦分公司
地 址 104台北市民生東路二段141號2樓
電 話 02-2500-0888
讀者服務電話 0800-020-299（週一～週五9:30AM~06:00PM）
讀者服務傳眞 02-2517-0999
讀者服務信箱 csc@cite.com.tw
劃撥帳號 19833516
戶 名 英屬蓋曼群島商家庭傳媒股份有限公司城邦分公司

香港發行 城邦〈香港〉出版集團有限公司
地 址 香港灣仔駱克道193號東超商業中心1樓
電 話 852-2508-6231
傳 眞 852-2578-9337
Email hkcite@biznetvigator.com

馬新發行 城邦〈馬新〉出版集團 Cite(M) Sdn Bhd
地 址 41, Jalan Radin Anum, Bandar Baru Sri Petaling,
57000 Kuala Lumpur, Malaysia.
電 話 603-9057-8822
傳 眞 603-9057-6622

Executive assistant manager 電話行銷
Executive team leader 行銷副組長 劉惠嵐 Landy Liu 分機1927
Executive team leader 行銷副組長 梁美香 Meimei Liang 分機1926

製版印刷 凱林印刷事業股份有限公司
總經銷 聯合發行股份有限公司
地 址 新北市新店區寶橋路235巷6弄6號2樓
電 話 02-2917-8022
傳 眞 02-2915-6275

版 次 初版一刷 2019年12月
定 價 新台幣249元口港幣83元

Printed in Taiwan

登記證 中華郵政台北誌第373號執照登記爲雜誌交寄

好吃 Vol.37
到朋友家吃飯！
理想的家與飲食生活

編 著 好吃研究室
總 編 輯 許貝羚
副總編輯 馮忠恬
特約撰稿 毛奇、安田夏樹、李佳芳、馮翔瑜
特約攝影 王正毅、Arko Studio 林志潭、
Hand in Hand 璞真奕睿影像
專欄作家 Hally Chen、叮咚、李俊賢、徐仲、
徐銘志、德永久美子、游惠玲（依筆劃）
封面、封底攝影 Arko Studio 林志潭
美術設計 黃祺芸
行 銷 曾于珊

國家圖書館出版品預行編目(CIP)資料

好吃. 37：到朋友家吃飯！理想的家與飲食生活 / 好吃研究室編著. -- 初版. -- 臺北市：麥浩斯出版：家庭傳媒城邦分公司發行, 2019.12
面； 公分
ISBN 978-986-408-557-6（平裝）

1.家政 2.生活指導

420 108020003